新装版 おきなわ

野の薬草ガイド

Okinawa Medicinal herb guide of a field

大滝百合子 著

ボーダーインク

はじめに～地球とつながる「奥の深い薬草療法」～

この本では薬草療法を「薬草とのおつき合い」であると考えています。薬草を単に薬として飲むだけではなく、薬草の生きる姿を見て、感じて、薬草に話しかけ、薬草を使い、そして病気が治る。これが昔の人々が行ってきたやり方であり、このひとつひとつのプロセスを経て私たちは最大の満足を薬草から得ることができるのです。

西洋ハーブも漢方薬も、日本人が使うのは多くの場合乾燥物ですから、生きた植物の姿を見て、感じて、話しかけるということができません。もちろん、薬草を使って病気が治る、という一番重要な目的が達成できることは素晴らしいことです。私も西洋ハーブや漢方薬の恩恵にあずかる一人ですから、そのことはよくわかっています。

けれども、一度身近に生えている薬草を自分の目で見て、感じて、話し、使うという経験をすると、今までの乾燥薬草とのつき合いがなんとも業務的で退屈で喜びに欠けるように思われてくるから不思議です。自分で摘んだ薬草で病気やケガが治ったときの感動といったら、ほかに例えるものがありません。しかも、それが野生の薬草なら感動は数倍です。それは、身近な自然の恵みを駆使して暮らしていた過去の人々と同じように、自然を理解した上で自然物に直接働きかけ、地球の営みと自分の存在がじかにつながったことへの感動です。

しかし、このような創造的で喜びに満ちた野生の薬草との付き合いは反面スリルも満点。つまり、危険がつきものです。薬草を採るときにケガをするかもしれませんし、ハブや毒草に出くわす可能性もあります。この本では、できるだけお目当ての薬草を探しやすいように工夫を凝らしましたが、目的とは違う植物を採ってしまうことだってあります。けれども、これが自然の中で暮らすということであり、昔はみんな、自然について深く勉強し、知恵をつけることで、こうした危険をまぬかれてきました。社会が発達し、暮らしが便利で安全になるにつれて、自然についての知識も失われてきたのです。

人間のきょうだいであり、何百年、何千年と受け継がれてきた薬草の世界を私たちの時代で途絶えさせることは、私たちにとっても地球にとっても大事件です。薬草を大切にすることは私たちを大切にすることであり、地球を大切にすることでもあるからです。地球を含め、すべての生き物の健康はつながっているということを薬草は教えてくれます。

自然の魔法についての知識を得たり、生の自然からの感動を味わってみたいと思う方は、ぜひ私といっしょにこの本と他の数冊の類書を片手に薬草とのおつき合いを始めてみてください。ちょっと怖いという方は栽培薬草で構いません。沖縄の薬草は栽培してもすぐに野生化しますので、安全に採集気分が味わえます。

この本を手に取られる方のなかには、現在病気をお持ちでワラにもすがりたいという方も多くいらっしゃるでしょう。私自身もそうでした。そんな方々をはじめ、日々の病気を自分で治してみたいという方々を楽しく、優しく、希望あふれる癒しの世界にご案内する機会を得られたことに、心より感謝いたします。

大滝　百合子

おきなわ
野の薬草ガイド　目次

はじめに　～地球とつながる「奥の深い薬草療法」～　7
第一章　薬草利用の基本事項
薬草利用の仕方　10
1　お茶にして飲む―浸剤と煎剤　10
2　チンキ剤にして飲む―アルコールとビネガー　12
3　シロップ（砂糖漬け）にして飲む　14
4　薬草オイルにして外用する　16
5　軟膏にして外用する　17
6　薬草茶を外用する―入浴剤、腰湯剤、足浴剤　18
7　湿布にして使う　19
薬草採集のポイント　20
毒草について　23
薬草を購入するとき気をつけること　25
乾燥保存の方法　26
薬草パンレシピ　28
第二章　おきなわ　野の薬草ガイド　31
どの薬草を選ぶか　32
自分に合う薬草、合わない薬草　35
この項の見方　36
薬草ソングを作ろう！　38
親しみやすい薬草　39
ヨモギ（フーチバー）　40
オオバコ　42
カタバミ　44
ムラサキカタバミ　45
リュウキュウコスミレ　46
ツワブキ　48
スベリヒユ（ニンブトゥカー）　50
シマグワ　52
オニタビラコ　54
セイヨウタンポポ　56
シロノセンダングサ（アワユキセンダングサ）　58
ギシギシ　60
オオイタビ　62
ゲットウ　64
ホソバワダン（ニガナ）　66
ツルナ　68
ハマスゲ　70
クマツヅラ　72
ウシハコベ　74
アカメガシワ　76
わりと親しみやすい薬草　79
アキノワスレグサ（クヮンソウ）　80
バナナ　81
イボタクサギ　82
ウコン（ウッチン）　83

ウイキョウ……86
ウコンイソマツ……88
ガジュマル……89
カニクサ、タイワンカニクサ……90
カラムシ……91
キダチアロエ……92
グアバ……93
クサトベラ……94
クチナシ……95
クミスクチン……96
ゲッキツ……97
ショウガ……98
セイロンベンケイ……100
ソクズ……101
タカサブロウ……102
チガヤ……103
チドメグサ……104
ツボクサ……105
ツユクサ……106
ツルムラサキ……107
トウガラシ……108
ニガウリ（ゴーヤー）……109
ニンニク……110
ハイビスカス（アカバナー・ブッソウゲ）……112
ヘクソカズラ……113
ハマゴウ……114
ビワ……116
ヘチマ（ナーベーラー）……118
ホウセンカ……119
ボタンボウフウ（長命草、サクナ）……120
モモ……121
シークヮーサー（ヒラミレモン）……122
ヤブガラシ……124
リュウキュウヨモギ（ハママーチ）……125
ユキノシタ……126
覚えておくといい薬草……127
アメリカフウロ……128
アロエベラ……129
インドヨメナ……130
コメツブウマゴヤシ……131
ザクロ……132
シマニシキソウ……133
タマシダ……134
テッポウユリ……135
ニラ……136
パパイヤ……137
ヒハツモドキ……138
ムラサキオモト……139
ヤブラン……140
ラッキョウ（シマラッキョウ）……141
あとがき
索引

第一章　薬草利用の基本事項

「いざ薬草を採集したとしても、どうやって使っていいのか分からない」「潰して貼ったり、煎じて飲んだりするだけなの？」。そういう声が結構聞こえてきます。いえいえ、薬草は毎日の暮らしの中に、気軽に取り入れることができるのです。

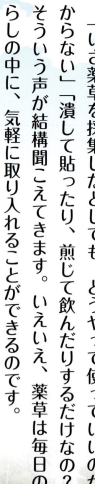

浸剤の作り方はp10へ

薬草軟膏の作り方はp17へ

1 お茶にして飲む――浸剤と煎剤

薬草の最も代表的な使用法です。水は薬草に含まれるさまざまな成分や栄養素を抽出し、薬草をそのまま食べるよりも素早く、体に浸透させてくれます。

浸剤では直火にかけずに作るので、一般的に、やわらかい葉や花や種子をはじめ、芳香性の高い根や根皮などデリケートな部分からお茶を作るときに向いています。

一方、煎剤は弱火で短時間煎じて作るので、成分の出にくい根や皮、果実、硬い葉などの頑丈な部分からお茶を作るときに向いています。

お茶を作る容器にはステンレスやガラス、陶器、磁器、ホーローなどが向いていますが、こし器のついた耐熱ガラス容器を使うと便利です。

お茶は乾燥した薬草を使うほうがよく出ますが、生の薬草を使ったお茶にも独特の良さがあります。

浸剤の作り方

●使う部分――やわらかい葉、花、種子、芳香性のある薬草

1 乾燥薬草（生の場合は小さじ2～3杯）小さじ1あたりカップ1の熱湯を注ぎ、ふたをし、20分～4時間浸します。花は2時間以内、種子は30分以内。長く浸すほど濃いお茶ができますが、望ましくない成分を抽出してしまうこともあります。

2 薬草をこし、飲みます。慢性疾患には1日あたりカップ2～4杯を空腹時または食後に、急性疾患にはカップ4分の1から2分の1ずつを30分おきに症状が落ち着くまで飲みます（1日3～4杯分まで）。

3 残ったお茶は冷蔵庫で保存すると2～3日持ちます。

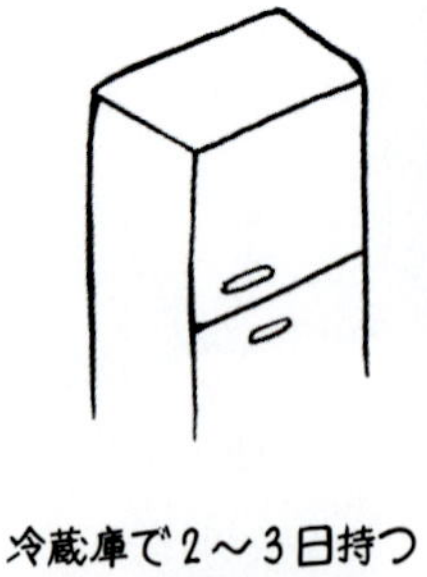

煎剤の作り方

●使う部分――根や皮、果実、硬い葉などの頑丈な部分

1
乾燥薬草（生の場合は小さじ2～3）小さじ1あたりカップ1の水を注いでふたをし、中火にかけます。一旦沸騰したら弱火にし、20～30分（硬い葉は20分、それ以外は30分）煎じます。

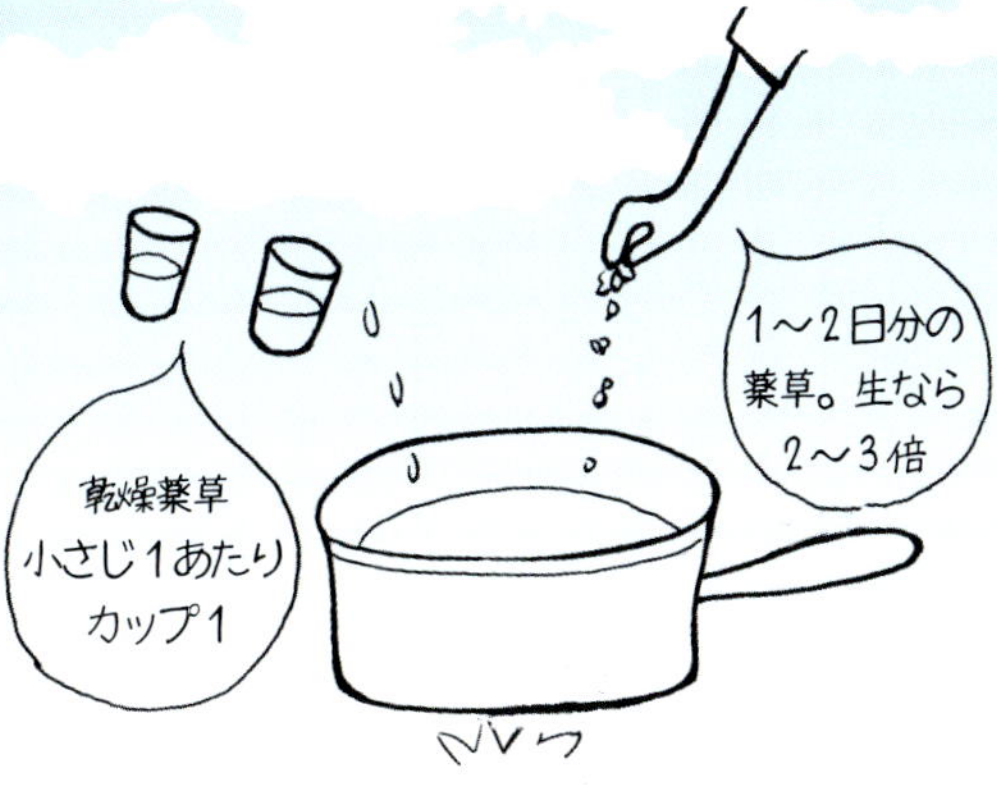

沸騰するまで中火

2
薬草をこし、飲みます。慢性疾患には1日あたりカップ2～4杯を空腹時または食後に、急性疾患にはカップ4分の1から2分の1ずつを30分おきに、症状が落ち着くまで飲みます（1日3～4杯分まで）。

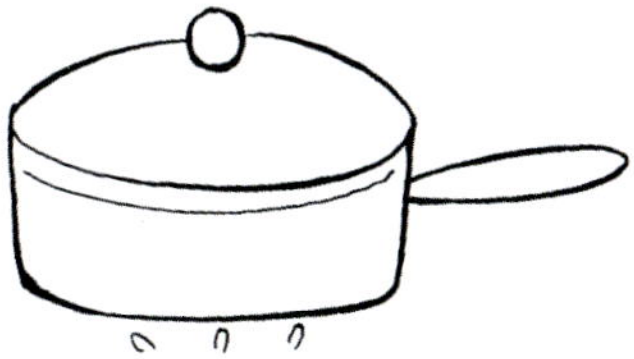
ふたをして弱火で20～30分

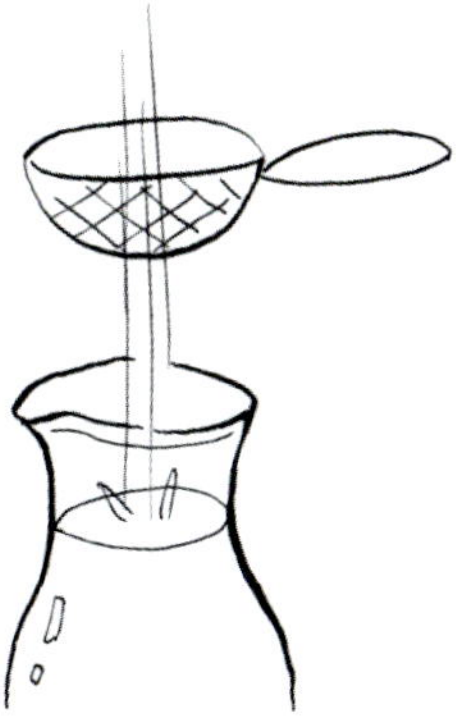
薬草をこす

3
残ったお茶は冷蔵庫で保存すると2～3日持ちます。

冷蔵庫で2～3日持つ

※子供の場合は、体重30～40kgなら1回あたり1カップ、10～20kgなら半カップ、10kg以下なら4分の1カップ飲ませます。

病気を治すには少量でも常に体内にあることが大切なので、1日分を一気に飲むよりも数回に分けて飲む方が効果的です。

お茶は夏でも常温で。冷たいお茶は胃腸を弱めます。汗をかきたいときは熱いものを飲みましょう。

数種類の薬草を混ぜるときも、小さじ1あたりカップ1という割合や1日分の量は同じです。ブレンドすると薬効が増え、相乗効果があるからよいと主張する人もいますが、まずは薬草の味と効果を知るためにも単品で飲んでみましょう。

2 チンキ剤にして飲む——アルコールとビネガー

薬草の成分は水だけでなく、お酒（アルコール）や酢（ビネガー）を使っても出すことができ、それぞれアルコールチンキ剤（薬用酒）やビネガーチンキ剤（酢漬け）と呼びます。

チンキ剤は水で抽出できない植物成分（アルカロイドや揮発性成分表）を抽出できるほか、濃度が高いため、少量でも効果があります。また、アルコールチンキ剤は体内にすばやく吸収されるため、効果が早く現れます。

さらに、チンキ剤は保存に優れ、冷蔵庫に保存する必要はなく、しかも少量でよいので、旅行や仕事場への持ち運びが便利です。

漬けた薬草の味が気にならなくなるので、味が良くない薬草を使うときにも向いています。少量の薬草から多量のチンキ剤を作ることができるので、材料が少ないときにも適しています。

乾燥した薬草を使うこともできますが、生の薬草を使うほうが効果が高いといわれています。生の薬草の力を長期保存できるという点でも、チンキ剤は優れた方法なのです。

チンキ剤の作り方

1 材料を粗く刻み、口の広いビンに入れます。アルコール40～50度程度の蒸留酒か酢を材料が完全に隠れるまで注ぎ、さらに5～8㎝加え、ふたをします。乾燥した材料から作る場合はできるだけ新しく、品質の高いものを使いましょう。できれば根や皮。水分の吸い具合に応じて液体を足します。

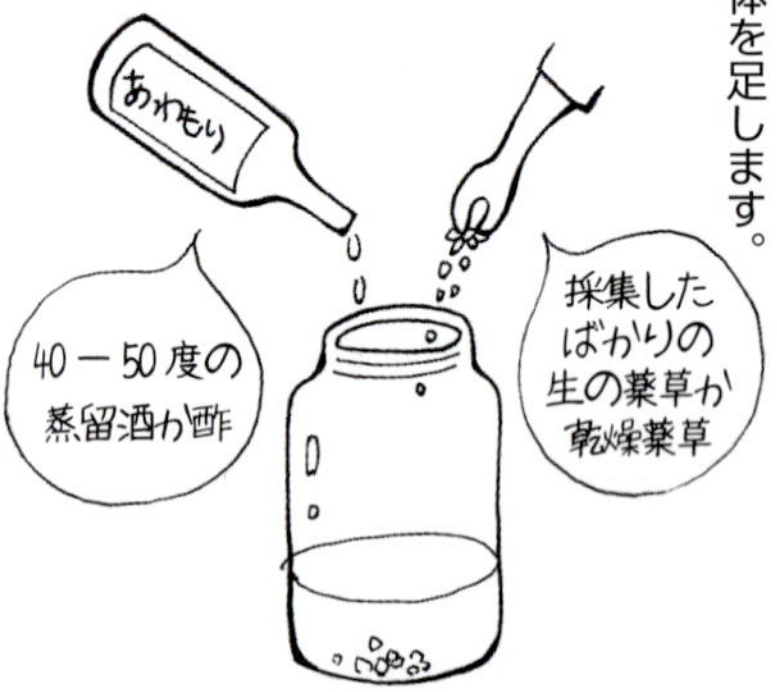

2 薬草の名前、日付を書いたラベルを貼り、直射日光が当たらない場所に置きます。

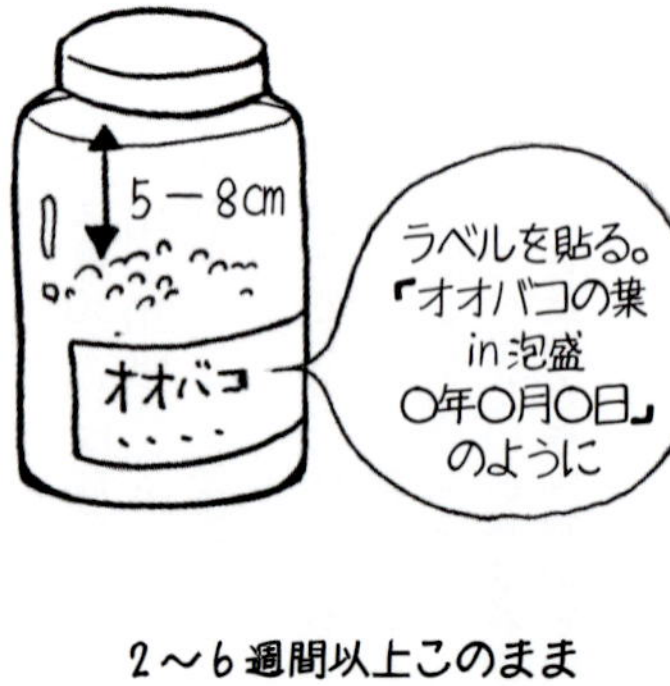

2～6週間以上このまま

3 時々ビンを振り、2～6週間以上置き、こします。こした液体を別のビンに入れ、ラベルを貼ります。

ときどきビンを振る

こして…

できればさらに布でこして…

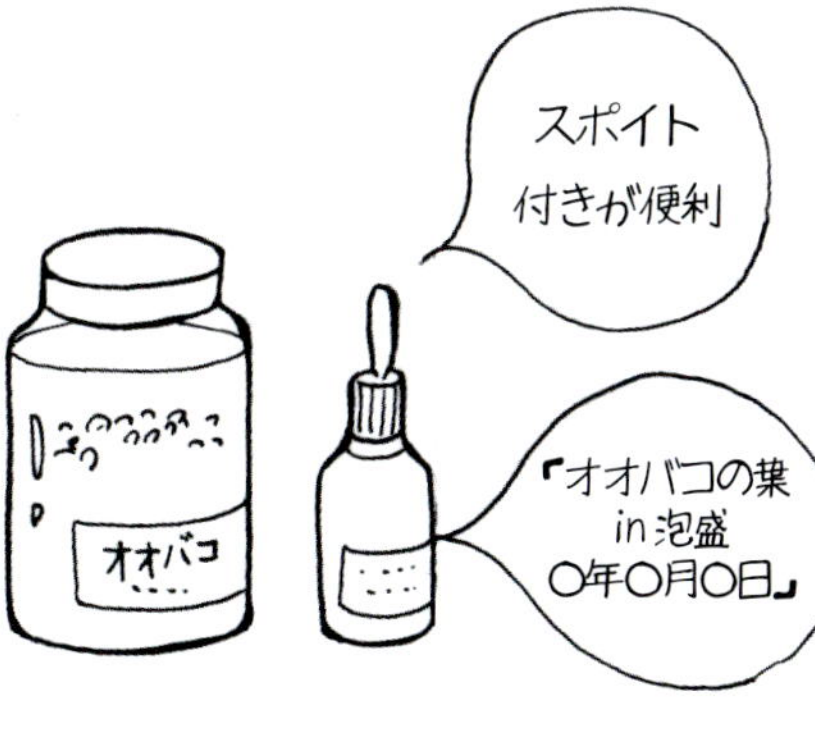

直射日光をさけて保存

- 慢性疾患には小さじ2分の1～1を1日3回、急性疾患には小さじ4分の1～2分の1杯を症状が落ち着くまで30～60分おきに、お湯や水で薄めて飲みます。強いお酒を一度に大量に飲むと危険です。用量を守りましょう。
- 子供には基本的に与えませんが、必要ならば、体重30～40kgなら1回あたり10滴、10～20kgなら5滴、10kg以下なら2滴を水に加え、十分に沸騰させてアルコールを完全に飛ばしてから飲ませます。
- アルコールが苦手な人は水に加えて鍋で2～3分沸騰させれば、アルコールが飛びます。
- 即効性が欲しい場合は、舌の下に処方します。
- 材料は6週間以上こさなくても問題はなく、むしろ、長く漬けるほどいいチンキ剤になるともいわれています。
- 蒸留酒は泡盛や焼酎、ウォッカのような無色のものを使うと薬草の色が楽しめます。無味無臭なら薬草の香りや味もよく分かります。逆に、薬草の匂いや味、色を隠したい場合は古酒やブランデーを使うといいでしょう。アルコール度数が高いほうが保存が効き、抽出力もあり、効果が高くなりますが、お好みで日本酒などの醸造酒を使ってもいいです。
- 酢は米だけで作られた純米酢か、リンゴ酢を使いましょう。
- アルコールチンキ剤は10年以上、ビネガーチンキ剤は約3年持ちます。

〈チンキ剤を外用にする〉

そのままか水で倍に薄めて皮膚に塗り、外用薬として使うことができます。筋肉痛やケガ、関節炎、ニキビ、炎症一般などに適しています。

3 シロップ（砂糖漬け）にして飲む

薬草茶を濃く煎じて甘みをたっぷりと加えた薬用シロップは子供たちの大好物。シロップなら苦い薬草も難なく飲めます。咽喉にやさしく、お茶よりも保存がきくという利点もあります。

使用する糖分としてはハチミツが理想です。白砂糖はカルシウムをはじめとした栄養素の流出を促し、免疫力を下げるなどの弊害があります。一方、ハチミツには逆に、風邪や咽喉痛を癒し、炎症を抑えるという効能があります。精製されていない砂糖を使ってもいいでしょう。

シロップの作り方

1. 1ℓあたり乾燥薬草60g（生の場合は2〜3倍）を使って浸剤または煎剤を作り、こします。

水1ℓあたり乾燥薬草60g（生なら2〜3倍）で作った浸剤か煎剤をこす

2. こした薬草茶を弱火で煎じ、半量になるまで蒸発させます。

弱火で半量になるまで蒸発させる

3. 濃縮したお茶500mlあたり60gのハチミツをお茶が熱いうちに加え、混ぜ溶かします。

ハチミツを加え、混ぜる

4. 冷めたらガラスボトルに入れ、ふたをし、冷蔵庫に保存します。保存期間は約1か月です。必要に応じて、小さじ1杯ずつ1日8回まで飲みます。

冷めたらボトルに移す

冷蔵庫で約2ヶ月持つ

- 子供の場合、体重30〜40kgなら小さじ1杯ずつ、10〜20kgの子供には小さじ半分ずつ、10kg以下の子供には小さじ4分の1ずつを必要に応じて飲ませます。
- 薬草茶500mlあたり砂糖を1kg加えれば、冷蔵庫に入れずに1年持ちます。ハチミツは砂糖の2倍甘いので必要量は500gです。

注意

子供の場合の使用量

子供には体に優しい自然療法をぜひともすすめたいですし、一般に子供は自然療法に敏感に反応し、大人の場合よりも病気が治りやすいものです。

子供の薬草服用量には、子供の体重や体格や体調、病気の性質、薬草の種類や強さなどが関わってきますので、適切な量を決めるには本来長年の経験が必要ですが、まずは体重を目安にしましょう。40～60kgの大人を1とすると、30～40kgなら同じ1、10～20kgなら2分の1、10kg以下なら4分の1です。

ただし、体質的に虚弱であったり、作用の強い薬草を使う場合は最初は少なめにして様子をみましょう。

自然の中でティータイム

生のクワの葉茶

お茶

4 薬草オイルにして外用する

薬草をオイルに漬けると、薬草の成分がオイルに移ります。薬草オイルは筋肉痛や切り傷、虫さされ、火傷、各種皮膚病などの外用薬として使うことができます。

　使うオイルはお好きなものでいいですが、腐りにくく、抗菌・抗炎症作用などの高いヒーリング効果のあるオリーブオイルやゴマ油がおすすめです。グレープシードオイルやサンフラワーオイル、紅花油でもいいでしょう。どれもスーパーで手に入ります。

　マッサージオイルや化粧品に使う場合は、少し高価ですが、しっとりとして肌に浸透しやすいアーモンドオイルやアボカドオイルもいいでしょう。

　薬草オイルには生の植物を使います。

薬草オイルの作り方

1 晴れて乾燥した日に薬草を採集します。洗わないので、きれいな部分だけを粗く切り刻みます。

晴れた日に
薬草を採集する

2 水分が残っていると腐りやすいので、薬草を一晩おいてしんなりとさせます。水分が飛びすぎて乾燥しないように気をつけて。

きれいな部分のみ
粗く刻み、一晩おく

3 口の広い清潔で乾いたビンに薬草を入れ、植物全体に行きわたるようにオイルを注ぎます。植物を箸でつついて空気を出し、ふたを固くしめます。

4 時々振りながら直射日光の当たらない場所に2～6週間おき、こして別の容器に入れます。

箸でつついて空気を
出し、ふたをして
2～6週間このまま

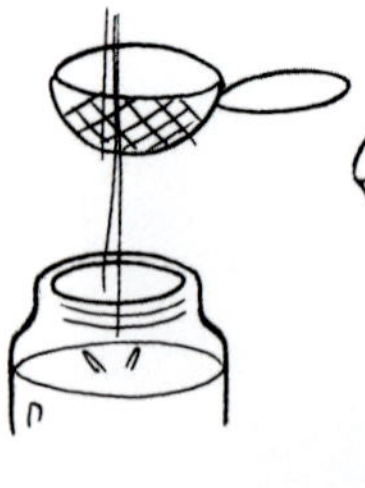
こして…

5 薬草名、オイル名、日付を書いたラベルを貼り、常温か冷蔵庫に保存します。

できればさらに布でこして…

冷蔵庫保存がおすすめ

※ビンのふちまでオイルを入れて空気を少なくすると腐りにくくなります。

※植物のまわりに白いもやもやとしたカビが現れたり、嫌な臭いがしたら捨てます。完成したオイルは冷蔵庫に保管しましょう。暖かい季節は毎日品質をチェックしてください。

薬草利用の仕方

5 軟膏にして外用する

筋肉痛や切り傷、虫さされ、火傷、各種皮膚病などに適しています。液体の薬草オイルのようにしたたることはないので、小さな子供でも安心して使うことができます。軟膏は作るのも使うのも楽しいので、軟膏作りは子供向けのイベントとしてとても喜ばれます。

軟膏の作り方

1 薬草オイルを鍋に入れ、薬草オイルの半量の蜜ろうを加えて弱火にかけます。蜜ろうが完全に溶けるまで1、2分かき混ぜます。

弱火で蜜ろうが溶けるまで1、2分かき混ぜる

2 小さじ1をとり冷ますか、冷蔵庫に入れて試しに固めてみます。固ければ薬草オイルを加え、軟らかければ蜜ろうをさらに加えます。

小さじ1を冷蔵庫で試しに冷まして固める

固ければ…

もっとオイル

軟らかければ…

もっと蜜ろう

3 液体を温かいうちに容器に注ぎ、常温か冷蔵庫で固めます。

●冷蔵庫に保存しない場合や持ち歩く場合は固めに作ります。

●軟膏は適切に保存すれば5年以上持つといわれています。

6 薬草茶を外用する――入浴剤、腰湯剤、足浴剤

薬草茶は、入浴剤としても活躍します。入浴剤は体を温め、血行を良くし、神経をリラックスさせ、痛みを抑えるほか、各薬草の成分を体の広い部分から吸収させることにより、さまざまな効能を発揮させます。

薬用入浴剤の作り方

●弱めの入浴剤（症状が軽い場合）

1 刻んだ乾燥薬草ひとつかみ（生の場合は2~3倍）を薄い布やハンカチにくるんで浴槽の蛇口に巻き、熱いお湯をその上から流します。

薬草ひとつかみ(生なら2〜3倍)を布にくるむ

布を蛇口に巻くか、布袋を蛇口につるし、上から熱湯を流す

2 薬草を包んだ布や布袋を取り外して浴槽に浮かべます。

布袋を湯に浮かべ、水を足す

●強めの入浴剤

薬草茶の作り方に従って薬草茶を2~8ℓ作り、お風呂に加えます。

浸剤または煎剤2〜8ℓ

お茶を直接お風呂に入れる

腰湯剤と足浴剤の作り方

薬草茶の作り方に従って、腰湯の場合は座るのに十分な量のお茶、足浴の場合は足が10~15㎝つかる程度の量のお茶を作り、40度程度に冷まして使います。

薬草利用の仕方

7 湿布にして使う

薬草茶を使う方法（温湿布）

1 薬草茶の作り方に従って薬草茶を作ります。手ぬぐいかタオルを熱い薬草茶に浸し、患部に当てます。

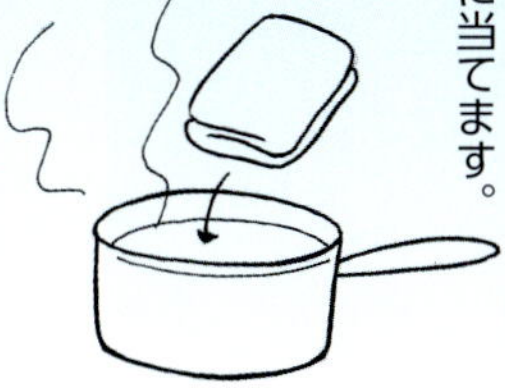

熱い浸剤か煎剤に手ぬぐいかタオルを浸す

軽くしぼる

2 上からタオルでカバーし、できれば、上から熱いボトルなどで20分ほど温めます。

患部に当て、上からタオルでカバーし、20分そのまま

●患部を温め、血行を良くするので、むくみや痛み、寒気、打身、筋肉痛、ケガ、咽喉痛、風邪などに効果があります。

●薬草茶を作るときに使った植物を布に包んで患部に当ててもいいでしょう。

薬草そのものを使う方法

1 生の薬草を粉々に砕き、熱いお湯を少量加え、クリーム状にします。

薬草をクリーム状にする

2 患部に1のクリームを塗ったあとすぐに上からガーゼでカバーし、固定します。またはガーゼにクリームを塗り、貼ります。治るまで新しいものと交換し続けます。

患部にぬり、ガーゼでカバーし、固定する

●乾燥薬草を使う場合はミルやブレンダーで粉にし、熱いお湯を少量加えて、クリーム状にします。

●摘んだばかりの湿った植物や揉んだりしてやわらかくした植物をそのまま患部に貼ることもできます。応急処置など急ぐ時に。

薬草採集のポイント

薬草を安全に採集し活用するためには、覚えておくべきいくつかのポイントがあります。同じ薬草でも採り方によって薬効はかなり違います。一番効果のある薬草を採るためにもこれらのポイントは大切です。

採集のポイント 1

農薬、除草剤、排気ガス、犬のフンを避けて採る。

街中に住んでいる人にとっては公園や道端が薬草の主な採集場所になりますが、公園の場合は通路からなるべく離れたところ、道端の場合は車道から最低50センチ以上離れたところで採るようにしましょう。田舎に住んでいる人は畑の近くで採集する際に農薬や除草剤がかけられていないか注意しましょう。季節と関係なく異常な枯れ方をしている植物や突然変異を起こしている植物が近くにある場合はその危険性があります。いつも採る場所をある程度決めておくと楽です。さらに、少量しか必要ないなら自宅の庭に生やすという手も。実際、私の庭は雑草だらけです。手入れフリーで用途多数の雑草ガーデンは最高ですよ。プランター栽培も簡単です。

採集のポイント 2

生き生きした草を採る。

薬草の数が限られている場合は仕方がありませんが、豊富にあるなら迷わず一番立派な草を選びましょう。立派な草とは、色が濃く、肉厚で、ピンと張ってみずみずしく、香り高いものです。ただし、大きすぎてゴワゴワしたものは成長しすぎで栄養的には下り坂です。小さめのものは柔らかくておいしく、食用には向いていますが、栄養的にはピークではありません。花のある植物の場合は花の咲いている時がその植物に最も適した季節なので、花の時期に薬を採りましょう。何回か採集に出かけるうちにだんだんとその薬草の季節が分かってくるようになりますし、そうすれば、一年を通して時期に合った最も効果のある薬草を採集することができるようになります。

採集のポイント 3

薬草に話しかける。友達になる。

私の尊敬するハーバリスト（薬用ハーブ愛好家）にアメリカ人のスーザン・ウィードという人がいます。彼女は草を採る前に、まず、その草に向かって「採っていいですか？」と話しかけます。そして、お許しが出たら今度は、「私に力を与えてください」と唱えながら草を採るそうです。こうして薬草を人（妖精？精霊？神様？）とみて話しかけることで、彼女と薬草は友として信頼し合い、薬草は彼女に対して力の限り尽くしてくれるのです。私はスーザンの言う、「草と人の間の心のつながり」を信じています。食べたり、飾ったり、草の上に寝転がったりして薬草と仲良くなりましょう。

採集のポイント4

採ったらすぐに使おう！

身近な薬草の最大の魅力はその新鮮さです。新鮮なうちにお茶にしたり、アルコールやオイルに漬け込んだりして、生き生き成分を無駄にすることなく活用しましょう。熱を加える必要がなく、草の生命力をそのまま活用することができるアルコール漬けやオイル漬けは、生の薬草の効果を最大限に引き出せる方法です。けれども、もし、薬草を採りすぎて使い切れない場合は、すぐに乾燥させてしまいましょう。

採集のポイント5

同じ場所で採りすぎない。

せっかく薬草の生えているところを見つけても、根っこから引き抜いてしまったら、次に生えてくるまでかなり時間がかかります。けれども、葉っぱや茎を少量採るだけなら全体の生命に何の影響もないどころか、切り口からみずみずしい赤ちゃんが生まれるきっかけになります。私は草を大切にするあまり庭の草を伸び放題にしておくことがありますが、葉が成長しすぎて固くて食べられなくなったり、背が高くなりすぎて根元の低い草が枯れたりします。草と人間には、「採りすぎない、採らなさすぎない」という適度なコミュニケーションが必要なようです。一般には、一年草なら3分の1くらい、多年草なら3分の2くらいまで採取してよいといわれています。

毒草について

野生の薬草を採取するときに気をつけなければならないものの一つに毒草があります。毒草にはトリカブトやジギタリスのように、重症の場合、意識不明や死亡にいたる猛毒から、大量に食べると食欲低下が起こる程度のものまで、その毒性には差があります。これらすべてを含めた身近な毒草は150~200種にのぼるといわれています。

毒草の作用としては一般に麻痺、頭痛、めまい、けいれん、脱力感、手足のしびれ、腹痛、下痢、嘔吐、血圧降下や上昇、口の中のひりひり感、呼吸減少、呼吸困難、心不全、血便、血尿、じんましん、生汁によるかぶれや水ぶくれなどが見られます。

薬草を口にして重い症状が現れた場合は、のどに指をつっこんだり、塩水を飲んだりしてできるだけ吐き出してから、すぐに病院に行きましょう。家庭での応急処置として植物毒を体内から洗い流す緑豆（多くのスーパーで入手可）の粉を水で飲んだり、煮て食べたりすることもできます。

［毒草を避けるためには］

- 初めて見る植物は安全を確かめるまで口にしないこと。他の人が食べていれば最も安心なのですが、一人で薬草の勉強をしている人は特に注意。
- 普段採集しない場所で採ったものについても慎重に確認作業を行いましょう。
- 少量口に入れて20分待ち、何の症状も起こらないか確かめましょう。
- 採集時にほかの知らない植物が混入していないか十分に確かめましょう。畑や花壇で栽培したものを収穫する際も野生の見知らぬ植物が混入する可能性があります。
- お茶にして飲んだり、食卓に並べる時も、一度に大量を摂取するのは控えましょう。
- 料理をする際になるべく何でもゆでて水によくさらす下準備を行うと、万が一毒草であった場合に被害が少なくてすむことがあります。

また、子供の前で不用意に薬草を採る現場を見せると、子供は真似をして、どんな植物でも食べ出す恐れがあります。特に小さい子の場合は言っても聞かず、大人が見ていないところで食べる危険性があります。食べられる草について教えるときには子供の年齢と判断力を十分にわきまえましょう。

有毒でも薬草としてリストされている植物も数多くあり、沖縄ではソテツがその代表といえるでしょう。ソテツは消化不良や咳止め、痔や止血などに効く薬草であり、飢饉時の救荒食としても活用されてきましたが、毒性があり、口にするには特別な処置が必要です。

明らかに注意を要する薬草の記載は本書では控えるようにしました。また、大量に摂取すると毒性が生じる場合はそのように記述してあります。人によってはそのような薬草も避ける人もいますし、実際に特に体の弱い人や敏感な人には症状が強く出ることがあります。また、飲食すると毒ですが外用薬としては使えるものは取り上げてあります。けれども、たむしやイボ取りに使用される生汁は皮膚の弱い人はかぶれる可能性があります。気になる人は少しでも毒性のあるものは控えましょう。

毒草の種類については、中井将善著『気をつけよう！毒草１００種』（金園社、２００４）などを参照してください。

ソテツの実は水に浸して毒を抜き、救荒食として利用されてきた。消化不良などに効くといわれる

汁が皮膚につくとかぶれたり、炎症を起こす身近な雑草キツネノボタン

薬草を購入するとき気をつけること

本書で紹介した薬草のなかにはお店や通信販売で乾燥品を購入することができるものもあります。それらは、漢方薬の生薬や西洋ハーブとして専門店で売られていることもあれば、地方の特産物としてお土産物屋に並んでいたり、スーパーのお茶コーナーに混ざっていることもあるでしょう。

どこで購入するにしても、質のいい薬草の判断基準は同じ。生の薬草にひけをとらないほど生き生きとした色と香りと味を持っているかどうかです。乾燥品でも新鮮なものほど薬としての効力があります。

ところが、薬草茶というと、どれも茶色くて同じ香りと味がすると思っている人も多いでしょうし、薬草という名さえついていれば、倉庫や冷蔵庫の匂いがしたり、ひどい時は悪臭やカビの臭いが漂うのに平気で飲んでいる場合も少なからずあるようです。できれば、コーヒーショップのオーナーに匹敵するグルメ感覚で選びましょう。

鮮度を保つには寿命の短い粉末やティーバッグやカプセル剤ではなく、薬草の原型に近い形で購入することも大切です。ティーバッグを開いて中の薬草を見たことがある人は少ないと思いますが、購入したときにはすでに鮮やかな色も香りも失われていることが多いものです。味もあまりしません。だから、ティーバッグにはよく香料が加えられています。もちろん、薬効もあまり期待できません。

海外から輸入された薬草やハーブには日本では禁止されている農薬や除草剤が使われている場合もあります。また、過剰な放射線を浴びさせられている場合もあります。できれば、有機栽培品を選びたいものです。

以上のポイントは、質にこだわる信頼性の高いお店なら把握していることです。私は乾燥薬草を買うとき、生産地や栽培法のほか、販売までにどのくらい倉庫に眠っていたのかということまで、お店の人がたじたじになるまで詳細に尋ねます。商品の品質に自信を持って販売しているお店なら、こうした問いに積極的に答えてくれるものです。

生で使う？乾燥させて使う？

民間療法で薬草を使う場合、料理に入れたり、青汁を絞ったりと、生で使うことが多いものです。一方、漢方など体系だった伝統療法では一般的に乾燥品を使います。生と乾燥どちらにも良い点と悪い点があり、どちらかを選ぶことは私にはできませんが、一つ言えることは、生の薬草（植物）の良さは近頃忘れられつつあるということです。

生の薬草は保存が効かないし、ときには青臭いものですが、生の自然の良さがいっぱい詰まった自然療法の原点です。手軽で長持ちし、有効成分の凝縮された乾燥薬草も手放せませんが、ときには、みずみずしい緑に手と舌で触れ、植物が運んでくれる水分の癒しを感じてみてください。料理や青汁のほか、特に「乾燥させて煎じましょう」という注意書きがない場合は、生のままお茶にすることができます。

乾燥保存の方法

薬草は基本的に陰干しにし、高熱や日光によるダメージを防ぐのが理想です。けれども、樹皮や根、皮をはじめ、硬い葉など、乾きにくい部分は日干しにしてもいいでしょう。手順は以下の通り。

陰干しの方法

- なるべく湿気のないときに、汚れのないきれいな薬草を採集します。汚れがあるときは、布などでこすって落とします。根はきれいに洗います。
- 採集後すぐに薬草を2～3㎝に切ってざるなどに並べ、お互いに触れないようにします。
- 暗く、通気性のよい場所で乾燥させます。
- 数日してパリパリになったらすぐに紙袋または広口のビンに入れ、直射日光が当たらない風通しのいい場所で保存します。ビニール袋やプラスチック容器は空気を通さず、蒸れて

・腐りやすいので避けます。
・薬草の名前と日付を袋やビンに記載します。

乾燥させた薬草の効果持続期間は約3カ月、根や樹皮の場合は1年から6年です。ただ、家庭での乾燥ではどうしても水分が少しは残ってしまいます。特に多湿の沖縄では乾きにくく、保存状態も良くありません。色あせて香りがしなくなったら、潔く土に帰しましょう。

逆に沖縄の場合は年中薬草が手に入ることも多いので、頑張って長期間乾燥保存させる必要はないともいえます。手軽さを考えて1か月分ほど乾燥保存しておけばいいでしょう。翌年もまた手に入るという薬草は、1年分乾燥保存しておき、次の年に補充するといいかもしれません。

薬草は小さく切り、ザルなどに並べて干す

風通しの良い所で陰干し

ホームベーカリーを使用したレシピ

1

お好きな「生で食べられる薬草」を収穫します。やわらかく美味しそうな若葉を選びましょう。写真はセンダングサ。

2

洗って汚れを落とした後、よく絞り、余計な水分が残らないようにします。

3

薬草をミキサーに入れ、分量の水を加えます。

4

ミキサーにかけた薬草汁と分量の塩と黒砂糖をパンケースに入れます。必要なら卵も加えます。

5

最後に分量の小麦粉とイーストを加え、ホームベーカリーにセットし、生地コースを選んでスイッチを入れます。

6

生地が乾燥しすぎているようなら、早めに水を少量加えます。

7

大きめの容器に小麦粉を敷き、生地をあけます。

8

生地をお好みの大きさにちぎり、丸めます。

9

このように引き伸ばした部分を上にすると表面がなめらかに仕上がります。

10

天板に適度な間隔をあけて並べます。写真ではくっつかないシートを敷いています。

11

ラップやぬれフキンをかけて約 15 分間発酵させた後、焦げすぎないようチェックしながら、約 180 度のオーブンで 10 分弱焼きます。

12

センダングサパンのできあがり！

こんな
利用法も!

薬草パンレシピ

Recipe

薬草の利用法はまだまだたくさんあります。お料理に使うのもそのひとつ。ここでは薬草をねりこんだパンを作ってみましょう。

このレシピでは火を通す時間が短いので薬草のみずみずしさが味わえます。薬草はそのまま食べてもおいしい、香り高くやわらかいものを選びましょう。糖分が少ないほど薬草の香りが際立ちます。

— 材料 —

- 強力粉 …………… 250 g（全粒粉ならもっとヘルシー）
- 水 ………………… 150cc
- 卵 ………………… 1個（かためが好きな人は省きます）
- 天日塩 …………… 2g
- 黒砂糖 …………… 30 ～ 40g（ハチミツなら半量）
- ドライイースト … 3g（もしあれば天然酵母）
- 薬草の生葉 ……… ザル半分程度またはお好みの量

①薬草の葉に水を加え、葉が細かくなるまでミキサーにかけます。
②他の材料と①を混ぜ合わせ、10 ～ 15 分間こねます。
③ボールに入れ、ラップをし、約 30 分間発酵させます。
④パンチをして小分けにし、丸めてプレートに並べます。
⑤約 15 分間発酵させたあと、180 度前後のオーブンで 10 分ほど焼きます。

一回分の材料でこんなにたくさん出来ます。

※①のあと、すべての材料を入れてホームベーカリーで焼くこともできますし、右ページ写真のように、生地作りまでホームベーカリーに任せることもできます。
※ご飯（150g）を加えるともっちりとした仕上がりになります。その場合、水は 120cc にします。
※薬草初心者は黒砂糖を多めにしたり、レーズン（約 40g）を加えると食べやすくなります。

縄文人の食事

いつも雑草食でごめんね
それが一番健康なんだよ縄文人もそうだったし
でもさー縄文人は夏には川魚を食べたし
秋には木の実も食った
スック
はっぱでいいからください
ここでは草で命をつなぐしかないのよ！覚えておおき！

第二章

おきなわ野の薬草ガイド

どの薬草を選ぶか

体を冷やす薬草と体を温める薬草

　体にいいからと、どんな薬草茶でも喜んで飲む人がいますが、体調や病状にその薬草が合っていない場合、逆に害になることがあります。カフェや訪問先で一杯だけ味わう程度なら問題はありませんが、たとえ薄いお茶であっても毎日のように飲むものであれば、一度内容を見直したほうがいいでしょう。

　では自分に合っている薬草はどのようにして選べばいいのでしょうか。

　私は民間薬草に加えて西洋ハーブと漢方薬の生薬も使っていますが、最初に出会った西洋ハーブの作用がいまひとつはっきりせず疑心暗鬼が生じ始めたころ、漢方薬の生薬を試し、その効き目に驚いたという経験があります。おそらく、民間薬草を治療目的で真面目に飲んでいる方にも、十分に効果が感じられないと思っている方がいるのではないでしょうか。

　だからといって、西洋ハーブや民間薬草が漢方薬と比べて劣っているというわけではありません。どのようなカテゴリーに入れられようと、同じ薬草であることには変わりはないからです。西洋ハーブも漢方薬も元をたどればどこかの国の民間薬草なのですから。実際、タンポポやハコべなど共通の薬草もたくさんあります。

　では違いは何かというと、漢方薬では人体に対する薬草の作用をより細かく観察して薬草を使い分けているのです。その薬草を飲むと体が温まるのか、それとも冷えるのか、どの臓器や器官にどのように働きかけるのかなどが、数千年をかけてびっくりするほど細かく分析され、記述され、今に受け継がれています。西洋ハーブや日本の民間薬草も同じくらい長い歴史と経験の産物です

体を温める薬草の例

ウイキョウの種子

ヨモギ

ゲッキツの葉

ショウガ

体を冷やす(熱をとる)薬草の例

オオバコ

シマグワの葉

が、その知恵は口承伝達されたので、現在の私たちはそのすべてを本で知ることはできません。けれども、その時代に私たちが生きていたならば、西洋ハーブや民間薬草は、周囲のお年寄りの話を伺いつつ、効果的に使うことができただろうと思います。

つまり、書かれたものに頼るしかない私たちにとって、記述の充実した漢方薬は役に立つというわけです。

ただ、幸い、民間薬草と漢方薬では多くの薬草が重複しているため、私たちは沖縄の民間薬草について、本書で試みたように、おばあちゃんの知恵と漢方薬の知恵の両方を活用することができます。

薬草を選ぶ際には、頭痛や腹痛などの症状名も重要ですが、その薬草を飲んで体が温まるのか、冷えるのかという点も同じくらい重要です。たとえば、冷え症の人が体を冷やす薬草を摂取すると、ますます体は冷え、病気が治るどころか悪化することにもなりかねません。この「温める、冷やす」という薬草の作用は、解毒や血行促進などの具体的な作用をもたらす根本的な原動力でもありますので、薬草を選ぶ際にはこの点だけは必ず押さえておくべきだと私は考えています。

そこで本書では、各薬草の説明に、ポイントとして、こうした漢方薬的な見方を非常に簡単ではありますが示しておきました。もちろん、実際の漢方理論はもっともっと複雑で奥が深いので、関心のある方は詳しく書かれた本をぜひご覧になってみてください。

自分に合う薬草、合わない薬草

判断の目安は？

理屈では自分に合う薬草でも、実際に飲んでみるまで結果はわかりません。

一度飲んだあとに、気分が悪くなったり、頭痛や腹痛がしたり、異様に眠くなったり、かゆみや発疹など皮膚に異常が現れるなどの症状が現れた場合は、すぐに飲むのをやめましょう。

不快症状が現れた場合、その薬草が本当に体に合っていないこともありますが、瞑眩《めんけん》反応といって病気が改善する兆しであることもあります。ですから、気分が乗れば、もう一度試してみるのもいいでしょう。その場合はしばらく時間をおき、量を減らして始めましょう。それでも合わない場合はやめておきましょう。

もし薬草が体に合っているなら、早くて1杯目、遅くとも1週間後には何らかの良い変化が現れてきます。急性疾患の場合は症状が治まったら飲むのをやめましょう。

慢性病治療が目的なら、そのまま1か月間続けてみましょう。もし、ラッキーなことに病気が治っても、その後2、3か月～半年は飲み続けたほうがよいと漢方では言われています。逆に、1か月飲み続けても何の変化もないようなら、きっぱりと飲むのをやめましょう。また、途中で異常が現れた場合もいったんやめて、薬草を選択し直しましょう。

長く飲んでいるうちに起こる異常は病気が改善する兆しではなく、薬草の性質や飲み方が体に合っていないしるしです。

判別に自信のない薬草を独断で使用・服用しないようご注意ください。なお、薬草の使用・服用はあくまで個人の責任のもとで行ってください。

この項の見方

主な効能——沖縄民間療法および本土の民間療法での使用法、漢方や西洋ハーブにおける使用法をもとに使用頻度の高いものを選びました。

親しみやすい薬草

スベリヒユ(ニンブトゥカー)

和名漢字名：滑莧、馬葉莧（ばしけん）
生薬名：馬葉莧（ばしけん：全草）

乾燥に負けないしつこい雑草として嫌われることもあるスベリヒユ。園芸種のポーチュラカは最初ハナスベリヒユという名で売り出されたら売れなかったという汚点も過去にあります。「ひでりぐさ」とも呼ばれ、すべての作物が枯れる日照りの際の食料として重宝されていたこと、現在でも食料にしている地域があること、そして、ゆでるとヌルヌルするので「滑りひゆ」と呼ばれるようになったことなど食料としての話題の多い薬草です。

data
学名：*Portulaca oleracea* L.
分類：スベリヒユ科スベリヒユ属
方言名：ニンブトゥカー、ミズナ、ジギナ、アカシンナ
別名：トンボグサ、サケノンベグサ、イハイズルなど
薬用部分：茎葉、全草

特徴
地面をはうように赤い茎を伸ばしてやや放射線状に広がっていき、茎の先は斜めに少し立ち上がることもあります。茎の長さは10～30㎝。全体的に小ぶりで、失礼ですが、砂をかぶってちょっとほこりっぽい印象のことが多いです。葉は水分を含んで厚みのある1～2㎝の卵形で、茎に向かい合ってつきます。真夏にそれぞれの茎の先に黄色い小花が咲きますが、十分に日の当たる午前中1～2時間しか咲かないという気まぐれ屋なので、暑い! 焼ける! 眠い! などとわがままを言っていると花にはお目にかかれません。花のあとに出来る果実の中にはたくさんの種子ができ、自然とこぼれ落ちます。

生育・採取場所
全世界の温帯から熱帯、および日本全国各地に自生する多肉の多年草。かなり日当たりがよく乾燥した畑のすみ、道端、電信柱の周り、駐車場、コンクリートの隙間の土などによく生えています。日陰と水分にはとにかく弱いようです。なかなか見つからないのは、道路の整備が進んでいるからでしょうか?

乾いた場所が好き

笑ってウィード
スベリヒユを根こそぎ抜いたつもりが結局は場所を移動しただけだった（すぐ根付くので捨て場所に注意）。

50

笑ってウィード——「ウィード（weed）」は英語で雑草のこと。笑って一気に薬草たちとの距離を縮めてください。

ポイント——漢方の視点から薬草の性質について簡単にまとめました。自分に合った薬草選びに役立ててください。

●印はさまざまな文献情報および個人的体験をもとに選んだ主要な使用法です。それに準ずる使用法には○印がつけられています。

その他の沖縄民間療法——本土の民間療法および漢方と共通しない沖縄独特の薬草使用法です。

薬草との会話——薬草と私が仲良く会話している様子を中継します。薬草たちの素顔を垣間見ることができるチャンス。今度は皆さんが薬草たちと友達になる番ですよ。

レシピ——薬草を使った料理法を紹介します。

主な効能　皮膚病、尿道炎、下痢、帯下

作用　体内の余分な熱や水分、毒を取り除くことにより効果を発揮します。

●皮膚病に——［虫さされ、毒虫のかゆみ、疥癬に］茎葉を突き砕いて患部に塗ります。［たむし］カタツムリの殻で患部をこすり、葉をすりつぶして塗ります。または、生の茎葉の汁をつけます。［イボ］茎葉の汁を数回患部に塗ります。［にきび］葉を煎じて、煎じ液で患部を何度も洗います。または茎葉を煎じて服用します。［腫れもの］茎葉を煎じて服用します。

●尿道炎、膀胱炎、排尿痛、淋病、水腫に——全草を煎じて服用したり、ゆでて食べます。または全草の生汁をしぼって服用します。血の熱を取り除き、利尿する作用があります。

●下痢、赤痢に——茎葉をすりつぶして絞った汁を飲みます。熱がたまり、高温多湿環境により悪化する下痢に効果あり。

●赤白色の帯下に——茎葉をつぶして絞った汁を服用します。または茎葉を煎じ、服用します。

○痔に——全草をゆで、油でいためて食べます。全草にお湯をかけ、その浸出液でお尻を洗います。または、葉の汁を患部につけます。

【その他の沖縄民間療法】

○造血——全草を煎じて飲みます。

“スベリヒユ”との会話

スベリヒユ：この前は畑のすみに捨てられていたボクを庭に植えてくれてありがとう。

大滝：どういたしまして。でも、あの炎天下に根こそぎむしられて、よく生きていられたね。

スベリヒユ：葉にも茎にも蒸発しにくい水をたっぷりたくわえて体を冷やし続けているからさ。だから、体の熱い人に食べられると、その人の体を冷やして病気を治しちゃう。

大滝：私は冷え症だからスベリヒユくんとは合わないのかな。

スベリヒユ：そうだね。大滝んちの日陰で寒い庭にも合わないから、もとの畑のすみに戻してくれる?

大滝：この一っ!

レシピ *Recipe*

我が家では生のままドレッシングで和えてサラダにすることもありますが、普通はゆでてサラダにするようです。ゆでて水にさらすと酸味が抜けて、どんな料理にも使えます。体を冷やす作用が強いので夏のメニューにぴったりですが、特に油料理や肉魚料理など熱を生じる料理に加えるとバランスがよくなります。逆に食べ過ぎるとお腹が冷えて下痢するともいわれていますので注意しましょう。酸っぱさと茎のぬめりを生かした酢の物や酢味噌和えもおいしいです。

全草を乾燥させて保存する習慣が沖縄や東北にあり、東北では市販もされるそうです。

51

薬草ソングを作ろう！

自然の中で暮らす人々は歌が好きなものですが、ある自然民俗学の資料の中に「昔の人々はよく自然物を一人称にした歌を歌っていた」という記述があります。動物や植物を「わたし」にした歌を歌うとたちまち自分が彼らになったように感じ、彼らの立場から世の中を見ることができるようになるから驚きです。私はいつからか薬草を主役にした歌を作ることが薬草活動の重要な一部だと考えるようになりました。

歌を作るときは、薬草の前にたたずみ、薬草の口からさびのメロディーと歌詞が出てくるのを待ちます。この「センダングサの歌」は玉城の公園でひとりで昼食を食べているときにセンダングサさんが歌ってくれました。それに私がセンダングサさんの長所や自慢話をプラスして完成です。一つの薬草につき歌は一つだけというわけではありませんので、みなさんも一曲作ってみませんか。

センダングサの歌

作詞・作曲　大滝
編曲　KOU

第二章　おきなわ野の薬草ガイド

親しみやすい薬草

ヨモギ（フーチバー）

和名漢字名：艾
生薬名：艾葉（がいよう）：葉

沖縄ではそばや山羊汁、ジューシーの具としてよく知られる薬草で、魔除けの儀式にも使われていました。幅広く信頼できる薬効を持ち、世界各地で神様と崇められた歴史があるヨモギ。本土でも、弥生の節句（3月3日）に草餅を作り、端午の節句（5月5日）に軒にさす習慣がありますが、アメリカ先住民は、ヨモギを「偉大な賢者 The Great Sage」と呼び、お香として、生活環境を浄化する煙の儀式に使っていました。ヨモギから人が生まれたとする神話が残る地域もあります。いまだにヨモギが食卓に上り、スーパーに並ぶのは沖縄だけかもしれません。沖縄のヨモギ文化をこれからも守っていきたいものです。

data

学名：*Artemisia princeps* Pampan.（=*A. vulgaris* L. var. *indica* Maxim）
分類：キク科 ヨモギ属
方言名：フーチバー（首里、久米、嘉手納）、ヤツーウサ（宮古）、ヤタフツィ（石垣）、フツ 別名:モチグサ、カズサキヨモギ
薬用部位：葉
食用部分：全草

特徴

若い株は高さ10〜20㎝で、茎に交互につく5〜10㎝の楕円形の葉には春菊のような粗い入れ込みがあり、裏面は白くやわらかい毛でびっしりと覆われています。花の時期が近づくと枝分かれがはじまり、背丈がぐんぐん伸びて、ついには1mほどになります。葉の亀裂は深くなり、若いときとは別人（別草）のようになります。薄い茶色の小さな花を穂状に咲かせますが、風によって運ばれる花粉により、ヨモギ花粉症になることも稀にあります。

生育・採取場所

東北〜九州の山野や野原、畑地、道ばたの日当たりのよい所に自生する多年草。知名度が高い割にはなかなか見つからない草です。けれども、生えているところにはたくさん生えています。根気よく探しましょう。

“ヨモギ”との会話

ヨモギ：大滝との付き合いも長いね。
大滝：はい、ヨモギ様。思えば、薬草との出会いはヨモギ様からでした。祖母が草餅に入れるヨモギ様を採りに連れて行ってくれて……。この庭にも最初からヨモギ様が茂っていて……。なんという縁の深さでしょう。
ヨモギ：私が大滝の歯痛を止め……。
大滝：はい!
ヨモギ：出血を止め……。
大滝：はい!
ヨモギ：少しは自立させるために、ヨモギ花粉症にしてやった。
大滝：ヨモギ様〜!

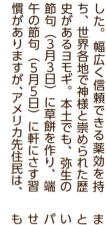

主な効能

作用 痛み、冷痛、出血、皮膚病、婦人病

余分な水分を取り除き、体を温め、血行を良くすることにより、効果を発揮します。

●痛み、冷痛に――　［腹痛、腰膝痛、神経痛、痔の痛み、冷え症］葉を煎じて服用します。さらにヨモギ風呂に入るといいでしょう。［歯痛、のどの痛み］葉の煎じ汁でうがいをします。歯痛には葉をもんで歯の穴に詰める方法もあります。［腹痛］全草をしぼり、黒砂糖を混ぜて飲みます。または根を煎じて飲みます。［頭痛］葉を煎じて服用します。黒砂糖をいっしょに混ぜ、煎じて飲みます。いずれも、冷えによる症状に効果あり。

●出血に――　［皮膚の出血］葉をもんで患部につけます。［吐血、鼻血、子宮出血、不正性器出血、下血］葉を煎じて飲みます。葉を焼いた灰を小さじ1程度に水を加えて飲むとさらに止血効果が高まります。

●皮膚病に――　［切り傷、虫さされ、かゆみ］葉をつぶした汁を患部に塗ります。［湿疹、あせも］ヨモギ風呂に入ります。または葉の煎じ汁を布にしみこませ、湿布します［水虫（汗疱状白癬）］お湯の中にヨモギを入れて浴びます。

●婦人病：月経不順、生理痛、不妊、下腹部の冷痛、子宮出血、切迫流産の性器出血、白帯（おりもの）、胎児不安定、流産予防に――葉を煎じて服用します。特に下腹部や子宮の血行を促進します。冷えによる症状に効果あり。

○咳に――　［咳、痰］葉を煎じて飲みます。［喘息］葉または全草を煎じて服用したり、薬酒にして飲みます。［肺結核］全草を煎じて飲みます。［咳］全草を煎じ、黒砂糖を入れて飲みます。

○胃腸の不調、消化不良、下痢、貧血、胸やけ、胃けいれんに――　［共通］葉を煎じて服用します。［胸やけ・胃けいれん］葉または全草をもんで汁を出し、その汁を飲みます。

○風邪、発熱、インフルエンザ、気管支炎に――葉を煎じて服用します。［発熱］根茎をしぼった青汁に黒砂糖を入れて飲みます。またはホソバワダンを混ぜ、煎じて飲みます。

○リュウマチ、神経痛、肩こり、打身に――　［共通］ヨモギ風呂に入ります。［神経痛、リュウマチ］煎じて飲みます。

○神経系症状、不眠症、けいれん、動悸に――葉を煎じて飲みます。［動悸］全草を煎じて飲みます。穏やかな麻痺・催眠作用による働き。

○真菌、皮膚感染症、膣のイースト感染症、寄生虫に――アルコールに漬けたチンキ剤を患部に塗るか、葉の煎じ液で洗います。［寄生虫］葉を煎じて飲みます。

【その他の沖縄民間療法】

○高血圧症――葉をしぼった汁を飲みます。

※沖縄に生息するニシヨモギのほか、日本全国に見られる30種類あまりのヨモギのうち大部分の薬効は同じとみることができます。そのため、ここで紹介している薬効は、***Artemisia princeps*** Pampan. をはじめ、***Artemisia argyi.*** A. vulgaris L. など各種ヨモギの薬効を参考にしています。

※ニガヨモギ（*A. absinthium* L.、英名wormwood）は寄生虫駆除効果に特に優れており、マラリアにも効果があるといわれています。

花の時期に背丈が伸びる

穂状に咲く控えめな花

ヨモギあんパン

オオバコ

和名漢字名：大葉子
生薬名（局）：車前草（しゃぜんそう：葉）、車前子（しゃぜんし：種子）
英名：plantain

「炎症の特効薬で、大きなケガ治療の必需品」として紹介されていた西洋ハーブのプランテイン（plantain）をドライハーブで購入後、それがオオバコであると知ったときのショックは忘れません。「その辺にいくらでもあるのに」。それ以来、噛めば噛むほど味が出るオオバコの葉は油煮や炒め物として我が家の食卓に上り続けています。けれども、最近はあちこちコンクリートで整備されて、オオバコでさえ少なくなっていると思いませんか？ また、背の高い草に弱いオオバコは、草ぼうぼうの我が家の庭でも苦戦しています。

data

学名：*Plantago asiatica* L.
分類：オオバコ科オオバコ属
方言名：フィラファグサ（首里）、マーザガパー（宮古）、ハコマーフサ（石垣）、オイザーヌブーフサ（西表）
別名：オンバコ、カエルッパ、スモトリグサ
薬用部分：葉、種子、根
食用部分：若葉

※葉が大きいので「大葉子」と呼ばれるように。種子が雨などに濡れると粘り成分を出して車輪や靴の裏にくっついて運ばれるので車前草と呼ばれます。

“オオバコ”との会話

オオバコ：大滝んちの庭、オオバコ仲間少ないからさびしいな。
大滝：ごめん、今度空き地から苗と種とってくるから。
オオバコ：ムダだよ。すぐセンダングサさんに領地奪われるんだから。ぼく背の高いヤツに弱いんだ。「その辺にいくらでもあるのに」って誰のセリフだったかなあ。あきらめて買ったら? ドライハーブ。
大滝：ダメ。それだけはオオバコさんが全員いなくなってもできない。
オオバコ：それ、ただのケチじゃない?

特徴

高さ10～20㎝の多年草。地面を覆うように広がって生えます。茎はなく、葉は根から伸びる長い柄を持ったスプーン形の葉は長さ4～15㎝で、先は丸くなっており、数本の葉脈が平行に並んでいます。葉脈に沿った強い繊維のおかげで、踏まれても踏まれてもびくともしません。長さ10㎝～50㎝の花茎を出し、穂状に白色花を多数密生して咲かせます。オオバコの草むらを人や動物が通るたびに種子が飛び散り、粘りのある種は靴やズボンにくっついて遠くへ運ばれます。

生育・採取場所

中国、台湾、シベリア、マレーシア、日本全国など広く分布。空き地や道ばたや駐車場、グラウンドなど人が車が踏みつけるところによく自生します。日当たりのよい所でもよく見かけますが、冬以外は木の下や塀の陰などの多少湿り気のある日陰に密生しています。そちらのほうが青々として背も高いです。

主な効能

〈葉〉鼻血、皮膚化膿症、高温多湿による下痢〈種子〉腎臓病、膀胱炎、むくみ、高温多湿による下痢、眼病、咳、痰

作用 肺や肝臓、腎臓の熱や体内の余分な水分を取り除くことにより効果を発揮します。

葉

●出血に――［鼻血］生の葉の汁を脱脂綿やティッシュに含ませ、鼻孔に詰めます。［痔］葉の汁を患部につけます。または葉を煎じて服用します。［止血］全草を煎じて服用します。または患部に葉の汁を塗ります。

●皮膚化膿症に――［共通］生の葉を火で焙り、よく揉んでやわらかくしてから患部に貼ります。上からガーゼで軽く押さえてもいいです。吸い出しに有効。または葉を火であぶり、それに味噌または油をつけて患部に貼ります。［ものもらい］葉を火であぶってまぶたの上へ貼りつけます。一晩で膿が出て、2、3日続けると治るといわれています。

●高温多湿環境による下痢に――全草を煎じて飲みます。熱の除去と利水作用による効果。

○腎臓病に――葉を煎じて服用するか、生のオオバコを煮て食べます。体内の余分な熱を取り除くことにより、改善します。急性尿道炎、膀胱炎などによる排尿痛、排尿困難などに。［腎臓病］全草を煎じ、その汁を飲みます。［膀胱炎］ニガナと煎じ、その汁を飲んだり、葉で患部を温めます。

○咳、痰切り、気管支喘息、肺結核に――［共通］全草を煎じ、服用します。［気管支喘息］豚肉の内臓と一緒に煮て食べます。または、全草をお茶として飲みます。全草を煎じ、服用します。［肺結核］葉を煎じて飲みます。または、ホソバワダン、ヨモギを一緒に煮て食べます。

○眼病に――全草を煎じて服用するか、生のオオバコを煮て食べます。種子のほうが有効です。

○健胃に――全草を煎じて服用します。

○心臓病に――全草を煎じ、服用します。

○肝臓病に――全草を煎じて飲みます。

○傷に――患部に塗ると2、3分でスーッとします。

【そのほかの沖縄民間療法】

○熱さましに――全草を煎じて飲みます。

○糖尿病――全草を煎じて飲みます。

種子

●腎臓病、腎臓結石、膀胱炎、尿道炎、むくみに――種子を煎じて飲みます。急性尿道炎、膀胱炎などによる排尿痛、排尿困難などにも有効。

●高温多湿環境による下痢、嘔吐に――種子を煎じて服用します。水っぽい便に適しています。

●眼病、緑内障、視力減退、眩暈、目の充血や腫れ、痛み、飛蚊症に――種子を煎じて服用します。白内障（肝腎陰虚）にも。

●咳、痰切りに――種子を煎じて服用します。

○健胃、消化不良、滋養強壮に――種子を煎じて服用します。

○心臓病に――種子を煎じて服用します。

根

【沖縄民間療法】

●咳、痰切りに――根を煎じて飲みます。

●腹痛に――根を煎じて飲みます。

※種は布やティーバックなどに包んで煎じます。

※似た植物のヘラオオバコは、葉の形がヘラ状になっています。薬効は同じ。

踏まれてもびくともしません

穂状の花

大型のオオバコも

カタバミ

和名漢字名：酢漿草（さくしょうそう）

威力ある種飛ばしがいかにも武士を思わせますが、実際カタバミは一度根付くと枯らすのが難しいという強さにあやかって、武士の家紋として使われたとか。ほかにも、別名「黄金草」と呼ばれ、十円玉などの金属や鏡を磨くとピカピカになるとか、カタバミで鏡を磨くと想う人の顔が現われるという言い伝えもあり、昔から可愛がられてきた草です。

ロケット型の実

触れると１m先まで種を飛ばす

data

学名：*Oxalis corniculata* L.
分類：カタバミ科カタバミ属
方言名：シーサアマサー、メーハジチャー（本島)、ヒアツク（宮古)、ソーミナフサ（石垣）
別名：スイモノグサ
薬用部分：全草

笑ってウィード
A：昨日、カタバミのサラダを食べたら種の攻撃にあったよ。
B：そんなのザラダ。

“カタバミ”との会話

大滝：おっ!あった、あった!……なんだ、カタバミか。
カタバミ：ん!聞き捨てならないセリフだな。地面に這いつくばって、いったい何探してんのさ。
大滝：……い、いえ。何でもありません。
カタバミ：ウソつけ! 種攻撃だ～っ。パーン、パーン（種が飛ぶ音)。
大滝：じ、実は、四つ葉のクローバーを探してました……。
カタバミ：なるほど、クローバーはわしに似てるわな。死ぬまでわしをクローバーと信じて疑わない人も世の中には五万といるのが現実さ。だが、覚えておおき。クローバーと違ってわしは、はるか昔からこの地で沖縄の人々を見守り続けてきたことを。
大滝：そ、そうですね。たくさんのハートの葉で私たちを包んでくれるカタバミさんこそ本当の幸せの葉っぱかもしれない。
カタバミ：そう、幸せは身近なところに生えているものなのさ。植木鉢の中とかね。

特徴

高さ約10㎝以内で、一見クローバーに似ていますが、葉はひとまわり小さくて色も薄く、茎が細くてひょろひょろしています。特に、3枚の小葉がそれぞれハート形をしているところが大きな違い。茎は大きく枝わかれしながら地面をはって広がり、そのうち葉の付け根から茎をのばし、その先に約1㎝の黄色い花を数個咲かせます。そして、花のあとにつくのが１m先まで種を連続的に飛ばす約2㎝のロケット型の実。襲撃の怖い人は種が発射される前にカタバミを見つけましょう。夜、葉を畳んで寝ます。

生育・採取場所

温帯から暖帯にかけて世界的に分布する多年草。空き地、道端、人家の庭、畑地など、どこにでもよく見られます。植木鉢の常連でもあります。

ムラサキカタバミ

作用 体内の余分な熱や毒を取り除くことにより効果を発揮します。

data

学名：*Oxalis corymbosa* DC.
分類：カタバミ科カタバミ属
方言名：ヤファタ
薬用部分：全草、根
食用部分：花、葉茎、鱗茎

主な効能

皮膚病、毒虫、痔、止血、咽喉痛

作用 体内の余分な熱や水分を取り除き、解毒することにより効果を発揮します。

●**皮膚病に**――［毒虫、湿疹、疥癬、虫さされ］生の葉をつぶして出た汁を患部に塗ります。［毒ヘビ、やけど］全草の煎じ汁で患部を洗います。［たむし］全草を煎じて飲みます。［止血］葉をもんで患部につけます。

●**痔に**――全草を煎じて服用します。全草を煎じた汁で患部を洗います。全草をつぶして布切れにのせ、患部に貼ります。

●**止血に**――［止血］葉をもんで患部につけます。［鼻血］生の全草適量をくだいて丸め、鼻腔内に入れます。［吐血］全草を煎じて服用します。

●**咽喉痛、口腔炎に**――全草を煎じ、その液でうがいします。全草を煎じて服用します。

【その他の沖縄民間療法】

○**糖尿病に**――全草を煎じて、または酒につけて飲みます。

○**のぼせに**――全草を煎じて飲みます。

○**咽喉痛、歯痛に**――生の全草を煎じて飲みます。

○**腎炎に**――生の全草を卵と炒って食べます。

○**やけどに**――生の全草をくだいて患部に貼ります。

※ムラサキカタバミの効能についての資料はあまりないので確定的なことは言えません。右記の情報は参考までに。

鱗茎にできるミニ大根は食べられる

スパゲッティに散らせばパーティ気分

特徴

高さ10～20㎝でカタバミより葉と花がひとまわり大型です。わずかに光沢のある小葉は長さ1～3㎝で、カタバミと同じハート形。葉はすべて地中にあるタマネギのような鱗茎から直接出ています。鱗茎の中には白い下部がふくらんで大根のように成長しているものも。長さ約1～2㎝の小花のキラキラ光る可愛らしいピンク色は見るたびに心を明るくしてくれます。

生育・採取場所

暖地から亜熱帯の畑、空き地、庭、道端などに自生する多年草。最盛期にはあちこちの畑地がムラサキカタバミのじゅうたんで覆われて見事です。

カラシナ畑をうめつくす

親しみやすい薬草

リュウキュウコスミレ

中国名：野路菫
生薬名：紫花地丁（しかじちょう：全草）、地丁（じちょう）

スミレといえば、生の葉の湿布。軽く火であぶって揉んだ、汁のにじみ出る緑のハートを愛の足りない場所にどんどん貼りつけましょう。毒を取り除くスミレの効果は西洋では高く評価されていて、腫瘍にも使われているほど。きっと沖縄のスミレにも同じ効果があるでしょう。生のスミレが山ほど手に入る沖縄に住む私たちは幸せです。

data

学名：*Viola yedoensis* Makino
分類：スミレ科スミレ属
方言名：スミリ
別名：ノジスミレ
薬用部分：全草

道端で

“スミレ”との会話

大滝：おめでとうございます、スミレさん! 今年も「草むしりで、むしりたくない草ナンバー1」に選ばれました!

スミレ：あらあら、草としてこれほど嬉しいことはないわね。

大滝：私たち家族もスミレさんが大好きですよ。ちなみに私の夢は、スミレさんの花のベッドに寝ることです。

娘：私の夢はおなかいっぱいスミレさんの花を食べることよ。

スミレ：あらあら、どちらの夢を叶えてあげればいいのかしら。

特徴

高さ5～20㎝で、縦長ハート形の葉がこんもりと盛り上がり、その上に1.5～2㎝の薄紫から青紫色の花を数個つけるほのぼのとした野草。葉や花の柄は根から直接出ていて、全体をまっすぐつらぬく太い茎は見当たりません。花が咲いたあと3つに分かれる実には1㎜くらいの種がぎっしりと山積みになり、今にも落ちそうでドキドキします。

生育・採取場所

本州、四国、九州および東アジアの暖温帯に広く分布する茎のない多年草。道端やコンクリートのそば、公園や人家の木陰、裏庭の日陰地他草の植木鉢の中などに楽しそうに生えています。花が美しく草刈りで生き残る確率が高いためか、割と簡単に見つかります。

主な効能

皮膚化膿症、腫れもの

作用 体内の余分な熱や毒を取り除くことにより、効果を発揮します。

●皮膚病に――［皮膚化膿症］全草をつきつぶした汁を内服するか、患部に塗ります。［腫れもの、各種できもの］全草をもんだ汁を患部に塗ります。または、葉をもんで貼ります。火でほんの少しあぶると柔らかくなり、もみやすいです。

○解毒に――全草を煎じて飲みます。

コンクリートのそばが好き

スミレの葉の湿布

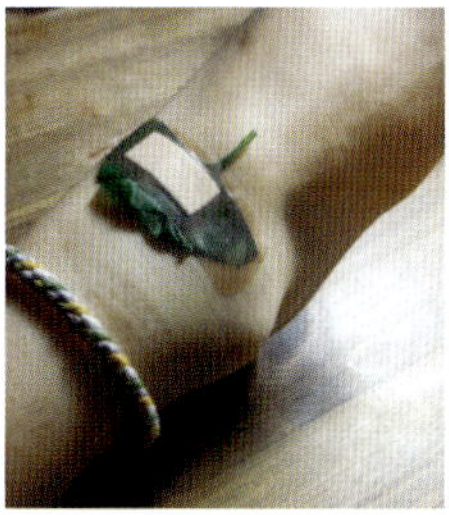

葉を広げて患部にはります

へたっとするまで弱火であぶります

落ち葉の中から芽がむにゅむにゅと

心和らぐ紫色の花

レシピ *Recipe*

やわらかくてクセのないスミレの葉はサラダなど生で食べる料理に最適。成長した葉も生で食べられる野草はあまりないのでスミレは貴重な存在です。即席おかずとしてもハコベとともに重宝。ごはんに花を散らせば、パーティーに昇格です。

ぎっしりとつまった種は今にも落ちそう

親しみやすい薬草⑥

ツワブキ

和名漢字名：橐吾（たくご）、艶蕗
生薬名：橐吾（たくご：根茎）

姿形や味、香りがよく似た植物に本土に自生している別属のフキがありますが、「つやのあるフキ」が詰まってツワブキと呼ばれるようになったのではないかといわれています。中毒症状の処方の一番手であるツワブキは我が家の守り神ですが、皮膚病や打身に欠かせない身近な緑の絆創膏でもあります。

data

学名：*Farfugium japonicum* Kitamura
分類：キク科ツワブキ属
方言名：チファファ、チーパッパー（沖縄本島）、チファファ、チンパンプー、ツパパ（宮古）、パッパー（与那国）、ツブルングサ（八重山）
別名：ツワ、カントウ、イワブキ、ヤマブキ
薬用部分：葉、根茎
食用部分：若い茎、若葉

特徴

高さ30〜80㎝で、直径約15㎝の茎の部分がくぼんだ大きく丸い葉がひしめき合っています。葉はつやと厚みがあり、葉を支える長い茎は鉛筆くらいの太さで、それぞれ根から直接生えています。茎には本土のフキと違って穴があいていません。秋から冬にかけてたくさんつける鮮やかな黄色の小花を一目見れば、ツワブキのことはすぐに覚えられるでしょう。

生育・採取場所

福島・石川以南から沖縄、台湾、中国、朝鮮半島に分布する常緑多年草。海岸付近の適度に日当たりのよく、湿気のある場所や山野の手前あたり、道端の木の根元などに広く自生しています。庭園や玄関先にもよく植えられています。

笑ってウィード

「おや、最近ツワブキのおかげで肌がツルツルになってきたかな？」と思ったら、腰痛のため腰に貼ったツワブキの葉をはがすのを忘れていただけだった。

レシピ Recipe

若い茎を茹でてアク抜きし、醤油と酒で煮詰めた佃煮（キャラブキ）がよく知られていますが、そのままおひたしや炒めもの、煮ものにしても食べられます。若葉を食べるときは、熱湯でよくゆでて水にさらしてアクを抜き、皮をむいてから料理に使います。

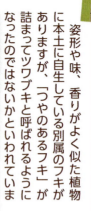

主な効能

皮膚病、魚の中毒、胃腸の不調、打身、咽喉痛

作用 体内の余分な熱や毒を取り除き、血行を良くすることにより効果を発揮します。

●**皮膚病：腫れもの、化膿、切り傷、湿疹、血止め、おでき、やけど、虫さされ、うるしまけ、しもやけに**――［共通］生葉の絞り汁をつけたり、きれいなフライパンにのせて火であぶり、柔らかくしたものをもんで患部に貼ります。表皮をはいで貼ってもいいです。膿が出てきます。［やけど］葉をもんで患部につけます。［虫さされ］葉の汁を患部につけます。［おでき］葉を火であぶって患部に貼ります。

●**魚の中毒などに**――［共通］茎葉のしぼり汁、または茎葉や根茎の煎じ汁を服用します。フグやカツオの中毒には茎葉や根茎を煎じて服用します。

●**打身、打撲、捻挫に**――生の葉をフライパンや焼き網にのせて火であぶり、柔らかくして患部に貼ります。または、青汁を塗ってもいいです。火が使えない場合は、生葉の絞り汁をつけたり、葉をもんで砕き、患部に貼ってもいいです。

●**咽喉痛、扁桃腺炎、風邪、解熱に**――［共通］根の乾燥物を煎じ、服用します。［解熱］全草を煎じて服用します。

○**痔に**――葉を煎じた汁で患部を洗います。または葉を煎じて服用します。葉を火であぶって患部に貼る、根を加熱して肛門に挿入する、葉に油を塗り、患部に貼る、などの方法があります。

○**ひきつけに**――葉を塩もみして出る汁を飲んだり、葉を煎じて服用します。

タンポポのような綿毛を持つ種

周りをパッと明るくする花

海岸近くの道端で

軽くあぶりやわらかくして湿布に

“ツワブキ”との会話

大滝： 私はフキが生い茂る神奈川の山の中から沖縄に引っ越してきたんだけど、ツワブキさんにもフキノトウ味噌を味わわせてあげたいな。

ツワブキ： そうさね。フキさんとは門中が違うらしいけど。

大滝： ‥はあ! ツワブキさんって都会の事情に精通してるのね!

ツワブキ： あたしは街の人にも大切にされてきたからね。彼らの生活はずっとこの目で見つめてきたさ。

大滝： 道路脇に咲くツワブキさんの黄色い小花は冬の沖縄をパッと明るくしてくれるよね。

ツワブキ： ははは、あれは街の人たちへのほんの少しばかりの感謝の気持ちさ。

※門中（もんちゅう）：琉球王朝時代に那覇や首里で広まった父系の親族組織のこと

親しみやすい薬草

スベリヒユ(ニンブトゥカー)

和名漢字名：滑莧、馬莧莧(ばしけん)
生薬名：馬莧莧(ばしけん：全草)

乾燥に負けないしつこい雑草として嫌われることもあるスベリヒユ。園芸種のポーチュラカは最初ハナスベリヒユという名で売り出されたら売れなかったという汚点も過去にあります。「ひでりぐさ」とも呼ばれ、すべての作物が枯れる日照りの際の食料として重宝されていたこと、現在でも食料にしている地域があること、そして、ゆでるとヌルヌルするので「滑りひゆ」と呼ばれるようになったことなど食料としての話題の多い薬草です。

data

学名：*Portulaca oleracea* L.
分類：スベリヒユ科スベリヒユ属
方言名：ニンブトゥカー、ミズナ、ジギナ、アカシンナ
別名：トンボグサ、サケノンベグサ、イハイズルなど
薬用部分：茎葉、全草

特徴

地面をはうように赤い茎を伸ばしてやや放射線状に広がっていき、茎の先は斜めに少し立ち上がることもあります。茎の長さは10～30㎝。全体的に小ぶりで、失礼ですが、砂をかぶってちょっとほこりっぽい印象のことが多いです。葉は水分を含んで厚みのある1～2㎝の卵形で、茎に向かい合ってつきます。真夏にそれぞれの茎の先に黄色い小花が咲きますが、十分に日の当たる午前中1～2時間しか咲かないという気まぐれ屋なので、暑い! 焼ける! 眠い! などとわがままを言っていると花にはお目にかかれません。花のあとに出来る果実の中にはたくさんの種子ができ、自然とこぼれ落ちます。

生育・採取場所

全世界の温帯から熱帯、および日本全国各地に自生する多肉の多年草。かなり日当たりがよく乾燥した畑のすみ、道端、電信柱の周り、駐車場、コンクリートの隙間の土などによく生えています。日陰と水分にはとにかく弱いようです。なかなか見つからないのは、道路の整備が進んでいるからでしょうか?

乾いた場所が好き

笑ってウィード

スベリヒユを根こそぎ抜いたつもりが結局は場所を移動しただけだった(すぐ根付くので捨て場所に注意)。

主な効能

皮膚病、尿道炎、下痢、帯下

作用 体内の余分な熱や水分、毒を取り除くことにより効果を発揮します。

●**皮膚病に**――［虫さされ、毒虫のかゆみ、疥癬に］茎葉を突き砕いて患部に塗ります。［たむし］カタツムリの殻で患部をこすり、葉をすりつぶして塗ります。または、生の茎葉の汁をつけます。［イボ］茎葉の汁を数回患部に塗ります。［にきび］葉を煎じて、煎じ液で患部を何度も洗います。または茎葉を煎じて服用します。［腫れもの］茎葉を煎じて服用します。

●**尿道炎、膀胱炎、排尿痛、淋病、水腫に**――全草を煎じて服用したり、ゆでて食べます。または全草の生汁をしぼって服用します。血の熱を取り除き、利尿する作用があります。

●**下痢、赤痢に**――茎葉をすりつぶして絞った汁を飲みます。熱がたまり、高温多湿環境により悪化する下痢に効果あり。

●**赤白色の帯下に**――茎葉をつぶして絞った汁を服用します。または茎葉を煎じ、服用します。

○**痔に**――全草をゆで、油でいためて食べます。全草にお湯をかけ、その浸出液でお尻を洗います。または、葉の汁を患部につけます。

【その他の沖縄民間療法】

○**造血**――全草を煎じて飲みます。

“スベリヒユ”との会話

スベリヒユ：この前は畑のすみに捨てられていたボクを庭に植えてくれてありがとう。

大滝：どういたしまして。でも、あの炎天下に根こそぎむしられて、よく生きていられたね。

スベリヒユ：葉にも茎にも蒸発しにくい水をたっぷりたくわえて体を冷やし続けているからさ。だから、体の熱い人に食べられると、その人の体を冷やして病気を治しちゃう。

大滝：私は冷え症だからスベリヒユくんとは合わないのかな。

スベリヒユ：そうだね。大滝んちの日陰で寒い庭にも合わないから、もとの畑のすみに戻してくれる?

大滝：この一っ!

レシピ *Recipe*

我が家では生のままドレッシングで和えてサラダにすることもありますが、普通はゆでてサラダにするようです。ゆでて水にさらすと酸味が抜けて、どんな料理にも使えます。体を冷やす作用が強いので夏のメニューにぴったりですが、特に油料理や肉魚料理など熱を生じる料理に加えるとバランスがよくなります。逆に食べ過ぎるとお腹が冷えて下痢するともいわれていますので注意しましょう。酸っぱさと茎のぬめりを生かした酢の物や酢味噌和えもおいしいです。

全草を乾燥させて保存する習慣が沖縄や東北にあり、東北では市販もされるそうです。

親しみやすい薬草

シマグワ

和名漢字名：桑、生薬名（マクワ（*Morus alba* L.））：桑白皮（局）（そうはくひ：根皮）、桑葉（そうよう：葉）、桑枝（そうし：枝）、桑椹（そうじん：果実）

ご存じカイコのエサでもあるクワの木は、昔からとても身近な木だったので薬効がよく研究されたといわれます。沖縄のシマグワは養蚕や食用、飼料、堆肥のほか、木材は装飾品の高級用材として、樹皮は製紙にと、薬用と同様、多種多様に活用されてきたそうです。昔は、空き地や道端や桑畑だけでなく、家の中にもクワがあふれかえっていたんですね。

data

＜薬用各部に共通＞

学名：*Morus australis* Poir.

分類：クワ科クワ属

方言名：クヮーギ、クヮーギ、コンギ

食用部分：葉、果実

“クワ”との会話

クワ：大滝んちの庭はぼくらとヨモギさんがやたらと多いね。

大滝：うん。食料としても薬としてもキミたちがいればとりあえず十分かなって思ってる。作用は正反対だし、作用の幅がどちらも広いからね。

クワ：頼りにしてくれてありがと。でも、ぼくたちは葉っぱしか使えないヨモギさんと違って、枝も根も使えてすごいんだぞ。しかも、効能が全部違うんだ。

大滝：ぜひ未来に残したい木だね。大丈夫、おいしい実がなるから切られないよ。

クワ：……。

大滝：…あ、ごめん!キミはオスだった!

特徴

黒紫色に輝く、今にもはじけそうな雌株の実がなによりの目印です。公園や山のクワの木は高さ数mにおよびますが、葉や枝を採取するには空き地や道端で頻繁に見かける2m以内の株が便利です。長さ5〜10㎝の葉は茎に交互につき、若い木では葉が大きく3つ程度に深く裂けていますが、成長するとギザギサした卵型になります。なお、雄株には実はならず、長さ2〜3㎝の薄黄色の花が穂状に咲きます。

生育・採取場所

屋久島、種子島、沖縄、台湾、南中国の日当たりのよい海岸周辺や山野、空き地、公園、道端などに自生する落葉性中高木。アスファルトの隙間で立派に成長している姿もよく見られます。

■クワには沖縄に自生する *Morus australis* Poir. のほかに中国、朝鮮半島の原産で、各地で植栽されるマグワ（*Morus alba* L.）と北海道から九州および南千島、サハリン、朝鮮半島、中国に分布し、山地に生えるか、栽培されているヤマグワ（*Morus bombycis* Koidz.）などがあります。漢方ではマグワが使われ、日本の民間療法ではマグワとヤマグワが使われてきました。クワの薬効はほぼ共通と考えられているので、以下の情報はマグワやヤマグワに関する資料も参考にしています。

葉

（生薬名：桑葉　そうよう）

効能 風邪の咳、発熱、目の充血、急性結膜炎、吐血

作用 体内の余分な熱、特に外的環境の影響で生じた熱を取り除くことにより、効果を発揮します。

●**風邪の咳や発熱、咽喉の腫れや痛みや乾燥、頭痛、痰切り、喘息に**――葉を煎じて服用します。熱っぽい咳や黄色い粘りのある痰を伴う咳に有効。

●**急性慢性の目の充血や痛み、急性結膜炎、目の疲れや視力低下、目のかすみ、頭のふらつき、めまいに**――葉を煎じて服用したり、葉の煎じ液で眼を洗います。

●**軽度の吐血、出血に**――葉を煎じ服用します。血中の余分な熱を取り取り除き、止血する働きがあります。

○**動脈硬化、心臓病、脳卒中の予防、高血圧予防に**――葉を煎じて服用します。血管の硬化を防ぐといわれています。

○**便秘に**――葉を煎じて飲みます。

○**体力の低下や疲労、貧血、低血圧症に**――葉を煎じて服用します。（低血圧症）葉を泡盛に漬けた桑の葉酒を飲みます。

○**腎炎、膀胱炎、水腫に**――葉を煎じて飲みます。

果実

（生薬名：桑椹　そうじん）

効能 めまい、不眠症、耳鳴り、早期白髪、口の渇き、便秘

作用 不足した水分を与えることにより体内の余分な熱を取り除き、さらに血液を補い、栄養を与えます。

●**めまい、不眠症、耳鳴り、早期白髪、体力の低下や疲労、貧血、低血圧症に**――果実を生で食べたり、煎じたり、薬用酒にして飲みます。

●**口の渇きに**――果実を生で食べたり、煎じて飲みます。

●**便秘に**――果実を生で食べたり、煎じて飲みます。血液不足により腸が乾燥した症状に有効。

※胃腸の冷えによる下痢のある人は控えめに。

※効果が穏やかなので、治療を目的とする場合は継続して大量に服用する必要があります。

枝

（生薬名：桑枝　そうし、幼枝を乾燥したもの）

効能 手足のしびれや痛み、リュウマチ、関節炎、むくみ

作用 外的環境の影響による水分の蓄積を取り除くことにより、効果を発揮します。

●**手足のしびれや痛み、ひきつりや麻痺、リュウマチ、関節炎、運動障害に**――枝を煎じて服用します。特に上半身の痺れや痛みに効果があると言われています。

●**むくみ、腎炎、膀胱炎、脚気（下腿浮腫）に**――枝を煎じて飲みます。

根皮

（生薬名：桑白皮　そうはくひ、根皮を乾燥したもの）

効能 咳、多痰、むくみ、排尿困難

作用 体内、特に肺の余分な熱や水分を取り除くことにより、効果を発揮します。

●**咳、風邪の咳、多痰、喘息、呼吸困難、肺炎に**――根皮を刻んで煎じて服用します。黄色い粘液や炎症を伴う咳、汗が出ず、熱やむくみ、咽喉の渇きを伴う症状に有効。

●**むくみ、顔のむくみ、排尿困難、尿量減少、腎炎、膀胱炎に**――根皮を煎じて服用します。

○**高血圧予防に**――根皮を煎じて飲むか、アルコールに漬けたクワ根皮酒を飲みます。高血圧の治療にも用いられます。

【その他の沖縄民間療法】

○**健胃**――根皮を煎じて服用する。

※根は採集しにくいですし、通常は葉、果実、枝で十分まかなえます。

オニタビラコ

和名漢字名：鬼田平子、中国名：黄鵪菜
生薬名：黄鵪菜（おうあんさい）

春の七草のひとつタビラコ（別名ホトケノザ）の大型バージョンということで「オニ」タビラコと名付けられたとか。当時の「鬼」には尊敬の意味も含まれていたでしょうから、

今で言うなら「グレイト」タビラコといったところでしょうか。ちなみに、「タビラコ」は田んぼに平たく生えているという意味です。

data

学名：*Youngia japonica* (L.) DC. (=*Crepis japonica* Benth.)
分類：キク科オニタビラコ科
別名：トゥイヌフィサー、チャンチャクナー
薬用部分：葉
食用部分：葉

笑ってウィード

「今日の夕食何？」と聞かれた時、「オニタビラコよ。」と答えたら喜ばれた（イタリア料理ではありません。あしからず）。

土が少なくても平気

特徴

高さ20～50㎝。地面からまっすぐ伸びた1本の茎の上に1～1.5センチの黄色い小花をいくつもバランスよくつける姿勢のいい草。さらに放射線状（ロゼット状）にふわっと幾重にも広がるやわらかい葉が貴婦人のドレスを思わせます。長さ5～15㎝の葉は切れ込みがあり、タンポポに似ていますが、タンポポよりも先が丸く、幅が3～5㎝と広いことが多いです。

生育・採取場所

日本、台湾、中国、インド、ヒマラヤ、ポリネシア、オーストラリアに分布する1年草または越年草。日向でも見かけますが、森や林の中の開けた所や木の根元、ベンチの下、建物の陰、植木鉢の中など、少し陰になっている所に、まるで雨宿りしているように生えていることが多いです。心配しなくてもどこにでも生えています。タンポポかなと思ったら、たいていオニタビラコです。

主な効能

腫れもの、皮膚病

作用 体内の余分な熱や毒を取り除くことにより、効果を発揮します。

●腫れもの、皮膚病：薬物アレルギー、薬疹、湿疹、アトピー性皮膚炎、老人性皮膚瘙痒症、食べ物によるじんましん、激しいかゆみに——葉を煎じて飲みます。または、薬酒にして飲んだり、生の青汁を飲んだり、生の葉を食べます。［じんましん］食中毒によるもので即効性が欲しいときは、青汁を盃に1杯飲みます。［激しいかゆみ］葉を絞った青汁を患部に塗ります。さらに、青汁を取り除いたカスを袋に詰めてそのまま風呂に入れ、入浴後、また青汁を塗ると効果があがります。

顔のようにつく黄色い小花

道行く人を姿勢よく見守ります

“オニタビラコ”との会話

オニタビラコ：わたくしタンポポさんに似ているのに、どうしてタンポポさんみたいに有名じゃないのかしら。こんなに数も多いのに。効き目が低いから?

大滝：とんでもない! 気軽に食べられて飲めてかゆみに効くなんて第二の琉神マブヤーになる素質ありますよ。今はアレルギーや湿疹のある子が多いですし。

オニタビラコ：では近いうちにテレビ局までエスコートしてくださる?

レシピ Recipe

料理方法

●柔らかくておいしそうなので、つい生でサラダに入れてしまいますが、結構苦いため、はからずも大人専用のサラダになってしまいます。

●炒めものにしたり、さっとゆでて水にさらせば苦味がなくなるので、さまざまな青菜料理にどうぞ。沖縄に自生する本数ではトップ3に入るそうですので、絶滅を気にせず使えます。

親しみやすい薬草

セイヨウタンポポ

和名漢字名：西洋蒲公英（せいようほこうえい）
生薬名：蒲公英（ほこうえい：全草）、蒲公英根（ほこうえいこん：根）
英名：Dandelion（ダンデライオン）

タンポポのような誰でも知っている野草に秘められた力があることを知ると、知られざる世界をのぞいたようでうきうきします。それが身近な薬草の勉強の面白いところです。そして、その力に出会った日以来、毎日そばで見守られているような気がするのです。

data

学名：*Taraxacum officinale* weber（セイヨウタンポポ）*Taraxacum mongolium* Hand-Mazz.（モウコタンポポ（中国に生育、生薬））
分類：キク科タンポポ属
方言名：タンププ
別名：ショクヨウタンポポ
薬用部分：根、全草
食用部分：葉茎、根

笑ってウィード
「コンクリートの上に落ちたタンポポの綿毛を見ると涙が出る」と私が言ったら、娘は綿毛を拾ってドブに捨てた。

特徴

高さ10〜30㎝。日々踏まれるものは地面にへばりつくように生えています。放射状に広がる葉は10〜30㎝で細長く、英名ダンデライオン（ライオンの歯）の起源になった深いギザギザがありますが、中には葉の先が丸味を帯びているものもあります。直径3〜5㎝の明るく黄色の丸い花が一面に咲く様子は絵本などで見る典型的な野原の風景。葉も花も根から直接出ており、茎を折ると白い乳液がしたたります。花は咲き終わると丸い綿毛を作り、根元についた種を遠くへ飛ばします。

生育・採取場所

セイヨウタンポポはヨーロッパ原産で世界中に広く分布する多年草。日本では特に種子が導入された北海道および関東地方に多く、野山や空き地、道端など日当たりが良い場所や木の根元などの半日陰に自生します。日差しの強い季節には半日陰のほうが背も高く、青々としています。

いくつもの小花が集まった花

飛び立とうとする子供たち

乳腺や眼、咽喉の腫れや炎症、消化不良、腹痛、解熱、膀胱炎、腎炎
肝炎、肝炎

作用 体内の余分な熱や水分、毒を取り除くことにより、効果を発揮します。また、気のめぐりをよくする働きもあります。

主な効能

●**腫れもの、炎症、化膿、乳腺炎、リンパ腺の腫れ、シスト（嚢胞）、乳房の腫瘍、眼や咽喉の赤い腫れ、急性結膜炎、扁桃腺炎、関節炎など全身の炎症に**――根を煎じて服用します。急性結膜炎には煎じ汁で洗眼してもいいです。

●**消化不良、胃炎、胃弱、肉類や揚げものの食べ過ぎ、腹痛に**――根を煎じて服用します。痛みがある場合は、治まるまでカップ半量を頻繁に服用します。

●**解熱、急性熱病、はしか、みずぼうそう、風邪、湿疹や発疹に**――根を煎じて服用します。

●**膀胱炎、腎炎、排尿困難、排尿痛、腎臓結石、膀胱結石、むくみに**――根を煎じて服用します。

●**肝炎、肝臓機能促進、あらゆる熱性の肝臓症状、黄疸に**――根を煎じて最低1週間服用します。血液から毒を排除する肝臓の解毒機能を助ける働きがあります。

●**母乳不足に**――根や葉を煎じて服用します。または柔らかい葉を食べます。

※タンポポの種類は多いですが、漢方の生薬であるモウコタンポポ（蒲公英根）も含め、最近見られなくなってきた日本原産の関東タンポポやカンサイタンポポなど、どの種も同様に薬用に食用にと使うことができます。セイヨウタンポポのみ、総苞片（花のつけ根）が全部外側に反りかえって垂れ下がっています。

放射状に広がる葉

“タンポポ”との会話

大滝：実は、野草のなかで私が今までに一番たくさん食べたのはあなたなんです。

タンポポ：そんな……突然愛の告白をなされても困りますわ。葉っぱが顔の近くになくて赤い顔を隠すことができないんですもの。よっこらしょ! あら、根っ子まで持ち上がってしまったわ。

大滝：あ! せっかくだから根っ子抜かせてくれます?

タンポポ：いいわよ。もう子供たちは見送って私の役目はすべて終わったから。特に普通のコーヒーで肝臓を傷めた人は私のコーヒーで浄化するとよくてよ。肉食でカッカしている人や胃もたれしている人もどうぞ。

大滝：タンポポさんはいつも潔くてカッコいいですね。

タンポポ：うふふん……。私こう見えてもヨーロッパの由緒ある伝統を受け継ぐ淑女……ん? ねえ! やっぱり根っこ抜かないでくださる? まだ、横に伸びていく可能性もあるでしょっ!?

大滝：(ガクッ)

レシピ *Recipe*

●タンポポは明治時代に西洋から野菜として伝わったといわれますが、西洋の八百屋には今でも束ねられたタンポポの葉が並んでおり、ホウレンソウと間違って買うと苦い思いをします。西洋風にオリーブオイルやニンニクで料理すると、苦味が生きてきます。葉はサラダや、軽く蒸してオリーブオイルとすりおろしニンニクでマリネにどうぞ。

●たくさん根が取れたら……きんぴら、またはタンポポコーヒーに。

●タンポポコーヒー：根を細かく刻んで完全に干し、空炒りします。飲む時は水カップ1杯あたり小さじ1を入れ、弱火で20分煎じます。粉末ならコーヒーと同じようにフィルターにかけて飲みます。飲める人は粉も一緒に飲みこみましょう。

親しみやすい薬草

シロノセンダングサ（アワユキセンダングサ）

和名漢字名：白の栴檀草（淡雪栴檀草）、生薬名：刺針草（ししんそう：全草）、金盞銀盤（きんさんぎんばん：全草）

センダングサは「沖縄で最もよく目にする薬草」ナンバー3に間違いなく入ると思います。庭に何かの苗を植えるといつしかセンダングサに取って代わられます。その様子を見るたびに、この旺盛な生命力とそれに秘められているであろう素晴らしい薬効をもっと活用しない手はない！と気持ちが高ぶります。アメリカからの帰化植物であり、沖縄での歴史が浅いためか使用法はあまり知られていませんが、センダングサとのおつき合いのなかで、これから一緒に発見していきませんか？

data

学名：*Bidens pilosa*
分類：キク科 センダングサ属
別名：シロバナセンダングサ
方言名：サシグサ
薬用部分：葉
食用部分：葉

特徴

高さ30～100㎝で、多くの場合群生し、約3㎝の中心の黄色い白い花が雪のように散りばめられている様子が初めて見る人の目には可憐で美しく映ります。葉は1本の葉柄に3枚または5枚の葉がつく複葉で、それぞれの葉は3～5㎝の卵形か細い卵形で先がとがり、ふちには細かいギザギザがあります。葉柄は茎に向かい合ってつきます。そして、サシグサと呼ばれる所以であるトゲが実にいくつもついていて、どれがセンダングサかなと歩き回っている間にもあなたのズボンには数十本、数百本のトゲが……。

生育・採取場所

本州、四国、九州、沖縄および朝鮮半島、台湾、中国から世界の熱帯各地に広く分布。アワユキセンダングサは、特に九州南部、沖縄、小笠原などに多く見られます。空き地、道端、公園、人家の庭などいたるところに生える一年草。田舎ではセンダングサを見ない日はないというくらい、大量に生えています。

こうしてみると美しい

ウワサの種

主な効能

腫れ、痛み

作用 体内の余分な熱や毒を取り除くことにより、効果を発揮します。

【伝統的使用法】

●咽喉の腫れや痛みに――全草の煎じ汁でうがいします。

●打撲傷などの外傷や腫れものに――全草の煎じ液で患部を洗います。

●下痢、消化不良、胃痛、腹痛に――［共通］全草を煎じて服用します。［腹痛］葉を生でかみます。

●リュウマチによる関節炎に――全草を煎じて服用します。

●黄疸型肝炎、急性腎炎に――全草を煎じて服用します。

※近似種にコセンダングサ、コシロノセンダングサがありますが、*B. pilosa* 種はどれも同じ効能を持つとみなせます。

気持ちいいセンダングサのベッド

●糖尿病や動脈硬化の予防（活性酸素を消去する抗酸化作用がある）、糖尿病（インスリンの分泌促進や血糖を下げる）、かゆみ、花粉症、アトピー性皮膚炎、ぜんそく、口内炎、発熱、痛み、炎症、血液中の高脂肪、血行不良、手足の冷え

※このうち、糖尿病に対する効果は特に注目されています。

※抗ガンや抗アレルギーに関する研究も進められています。

※宮古島では島おこしのため、1996年から、アワユキセンダングサの栽培に力を入れ、センダングサエキスやエキス末を使用した各種健康補助食品の開発販売を行っています。県の支援も受けており、サトウキビに代わる島の特産品になる可能性もあるそうです。

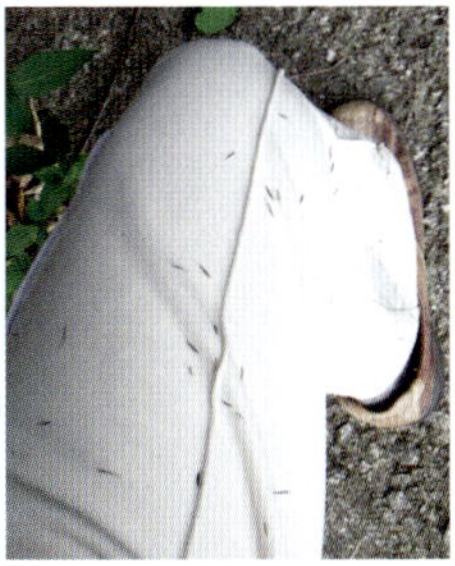

取り除くのに何分
かかるかな、この種

道端で

センダングサ一色の空き地もめずらしくない

“センダングサ”との会話

大滝：本土の友達が一面に咲くセンダングサさんを見て、「きれい」って言ってましたよ。

センダングサ：それってどういう意味よ。

大滝：い、いや……こんなにきれいな花が沖縄を埋め尽くしているなんてステキなことなんだということに気づいたんです。葉っぱもジューシーや白和え、パスタに入れるとおいしいし、最近は薬草としての価値も上がっているし、多少ほかの草に迷惑をかけていることは今後大目にみたいと思ってます。

センダングサ：……ううう、うれしいから、大滝さんの頼みごと、一つだけ聞くわ。

大滝：では、種のトゲはどうにかならないかしら……。

親しみやすい薬草

ギシギシ

和名漢字名：羊蹄
生薬名：羊蹄根（ようていこん：根）羊蹄（ようてい：全草）

ノッポで葉幅もあるギシギシは草むらの中で百獣（草）の王のようにそびえ立っているので、自転車で走っていても簡単に見つかります。

薬用のほか、新芽や若葉をゆでて酢味噌で和えるなど酢料理におすすめ。料理や薬用に生で使うには庭で栽培すると便利です。

ギシギシという名前は、花穂を取ろうとするとギシギシという音がするからという説や果実を振るとギシギシという音がするからなどという説があります。

data

学名：*Rumex japonicus* HOUTT..（ギシギシ）、*Rumex crispus*（ナガバギシギシ）
分類：タデ科ギシギシ属
方言名：アーマキドンドン、ナーミナ、ギシギシー（本島）、ギシギシウサ（宮古）、スーメーサ（石垣）、シップグサ（久米島）
別名:ウマスイベ、ウマズイコ、ウマスイバ、ウシグサ
薬用部分：根

特徴

花をつけた状態で高さ 30 ～ 100㎝の存在感ある多年草。茎は直立。葉は茎に交互につき、長いもので 30㎝の長楕円形。葉のふちはひらひらと波打ち、ゴージャスな雰囲気。茎の上部には花びらのない緑色の小花をたくさんつけた穂をまっすぐ伸ばします。花が茶色くなり、それぞれの花にゴマのような実をつけるころにはとても目立つので、この時期に生育地を把握しておきましょう。なお、種子を包む翼状のがくの縁にギザギザのあるものがギシギシ、ギザギザがなく全体に丸いものがナガバギシギシです。根は長芋のように太くて大きく、中身はカレーに使われるウコンのように明るい黄色で、水気があります。

生育・採取場所

日本各地、千島列島、サハリン、カムチャッカ、朝鮮半島、中国など温帯から暖帯にかけて広く分布する多年草。海岸や海岸周辺の空き地や道端などに多く自生します。群生して、一面ギシギシ畑になっていることもありますので探してみましょう。

種子を包む翼状のがく

茶色くなった種子

まるで白ゴマ

主な効能

作用

皮膚病、出血、便秘

血中をはじめとした体内の余分な熱や毒を取り除くことにより、効果を発揮します。

●皮膚病に——［疥癬、頑癬、頭部脂漏性皮膚炎、皮膚化膿症］煎じ汁、または、根をすりつぶした汁を患部に塗ります。［水虫、たむし］茎をもんでつけます。または、生の根をすりおろし、患部につけます。これに少量の酢を加える方法もあります。［ニキビ］根を煎じ、服用します。または、生の根をつきくだいて汁を出し、患部に塗ります。［湿疹］生の根をつきくだいて汁を出し、それを患部に塗ります。これに酢を加える方法もあります。［しらくも（頭部白癬）］根をおろし、酢を数滴入れて混ぜ、患部につけます。［陰部のかゆみ］つきくだいた生の根に酢を数滴加えてその汁を患部に塗ります。または煎じ汁を塗ります。［肛門のかゆみ］つきくだいた生の根に酢を数滴加えてその汁を患部に塗ります。［腫れもの］葉をすりつぶして貼ります。

●鼻出血、吐血、血尿、血便、痔出血、不正性器出血、皮下出血および外傷出血などの出血に——根を濃く煎じて服用します。

●便秘に——根を煎じて服用します。痛みのない穏やかな作用。

※大黄（漢方の代表的な下剤）の代用として「土大黄」と呼ばれることもありますが、薬効は大黄よりも穏やかです。

※ギシギシの仲間にはナガバギシギシ（学名：*Rumex crispus*）、ヒロハギシギシなど外来の帰化植物が多く、同じように薬用とされます。沖縄のギシギシを含め、荒地や草むらには在来種のギシギシよりもナガバギシギシ（左記参照）のほうが多いようです。

【ナガバギシギシ（イエロードック yellow dock）】

西洋ハーブやアーユルベーダで珍重されているナガバギシギシは熱性の出血や皮膚病、便秘など在来種のギシギシによく似た効能を持ち同様に使えるほか、さらに貧血や肝炎などへの効果が評価されています。

○血中の鉄分不足、貧血に——根を煎じて服用します。妊娠中に使用可。肝臓に蓄えられている鉄分の活用を促進します。黒みつやライチ、リュウガン、クワの実などの養血剤と組み合わせた場合のみ（さもないと、乾燥作用により枯渇する）効果を発揮。

○黄疸、肝炎に——根を煎じて服用します。

○ガンの治療に使っているハーブ専門家もいます。

すりおろした黄色い根

乱切りにして乾燥の準備

収穫直後の根

“ギシギシ”との会話

大滝：ギシギシさんは根っこを乾燥保存する楽しみを教えてくれた草です。根っこが大きいから掘りがいがあるんですよ。黄色くてきれいな根っこだし。

ギシギシ：でも、干す前に根っこから出る金色のしずくも楽しんでみてね。

大滝：もちろん! 先日湿疹に塗ってみたら、熱が引いてかゆみが少し治まりました。

ギシギシ：その調子よ! 今日抜いた分は全部液体にして塗ってみて!

花の咲く頃

実のなる頃

親しみやすい薬草

オオイタビ

和名漢字名：薜荔
生薬名：絡石藤（らくせきとう）：葉、茎、枝

石や壁に張りつく姿とブロンズ色に輝く葉はお弁当を広げてゆっくりと眺める価値があります。オオイタビは成長段階によって百面相的変化を見せるので、「新種発見!」とぬか喜びさせられることもしばしば。とにかく数が多く、これだけいたるところがっちりと硬い葉に固められていれば沖縄の薬草界は安泰だ、と心安らかにしてくれる薬草です。

data

学名：*Ficus pumila* L. (=*F. hanceana* Maxim.)
分類：クワ科イチジク属
方言名：チタ、イシバーキ、ヒンスーカザ
薬用部分：茎、葉、枝、全草
食用部分：果実

黄金色の新芽

レシピ Recipe

雌株から完熟した果実（雌果のう）が丸ごと食べられると聞いて以来毎年狙っていますが、鳥のほうが計画的に狙っているようで、なかなかお目にかかれません。

特徴

常緑で木質のつる性低木で、根を盛んに分岐させ、他の木やブロック塀にぴったりとへばりつくようにして広がっていきます。葉は厚く、特に小さいうちは金属のように硬いです。赤茶色を帯び、ひしめきあって生える様子はまるでかさぶたのようで、思わず木からべりべりとはがしたくなります。葉は茎に交互についており、卵形で、葉の先はとがっておらず、ふちはなめらか、長さは5㎜～10㎝。雌株につく雌花のう（果実）は熟れると濃い茶～紫色になります。

生育・採取場所

本州、四国、九州、沖縄、台湾、中国の山東、広東、福建などに分布。山地や岩上、木の幹のほか、家の周りのあらゆるところに自生します。自宅のブロック塀をまずは見回してみてみましょう。

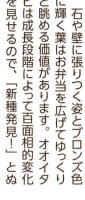

主な効能

多湿による関節痛、皮膚化膿症、咽喉の腫れや痛み

作用　体内の余分な熱や水分を取り除き、血のめぐりをよくすることにより、効果を発揮します。

●多湿による関節の腫れや痛みや筋肉のこわばり、リュウマチのしびれや痛み、腰痛に――茎枝を煎じて服用します。多湿により悪化する症状に効果あり。

●皮膚化膿症、咽喉の腫れや痛みに――全草の煎じ汁を少しずつ飲みます。熱を持つ症状に効果的です。

○糖尿病に――茎葉を煎じて服用します。

○高血圧に――茎葉を煎じて服用します。

【その他の沖縄民間療法】

○肺結核に――葉を煎じて飲みます。

○肝臓病に――全草を煎じ、お茶のように飲みます。

○熱さましに――根茎を煎じて飲みます。

○のぼせに――全草を煎じ、お茶のように飲みます。

金属のように固くへばりつく小形の葉

別名オオイタビ通り

私は木です

“オオイタビ”との会話

大滝：オオイタビさん! 毎日毎日お会いしているあなた。あなた実は薬草だったんですね! うれしいです。こんなに身近にたくさんあるなんて。

オオイタビ：沖縄では「オオイタビ（多い旅）」という名前を「スクナイタビ（少ない旅）」にぜひ変えてほしいもんだね。

ゲットウ

和名漢字名：月桃
生薬名：大草蔲（だいそうく：種子）または白手伊豆縮砂（しらでいずしゅくしゃ：種子）

漢方では種子が薬として使われますが、民間療法でも葉や茎が使われることは伝統的にあまりなかったようです。けれども、虫よけなどに葉が使われた歴史があり、最近では、抗菌を目的としたゲットウ製品が多く出回っています。市販のゲットウ製品もいいですが、読者のみなさんにはぜひ、旧暦12月8日（鬼餅）のムーチー作りをはじめとして、ゲットウの葉でご飯を包んだり、魚に巻いて蒸したり、小皿に使ったりと、古～い習慣を通して生のゲットウに触れてほしいです。

data

学名：*Alpinia speciosa* K. Schum.
分類：ショウガ科ハナミョウガ属
方言名：サンニン
薬用部分：種子、葉
食用部分：葉

空き地で

特徴

高さ2～3mの多年性の大型草本。太い茎が地面からまっすぐか斜めに何本も次々と束になって伸び、茎に交互につく長さ30～70㎝の先がとがった長楕円形の葉がひしめき合っています。30㎝にもなる長いスカスカしたブドウのような房がいくつも垂れさがり、白と黄色の花びらを持つペリカンの口のような2㎝あまりの花を咲かせる様子は梅雨の雨に映えて清らかです。まんまるの果実は華やかなオレンジや赤色で、これまた人目を引きます。草全体にスパイシーな香りが漂います。

生育・採取場所

九州南端から沖縄および台湾からインドに分布する常緑多年草。各地で栽培もされます。海岸近くの日当たりのいい空き地や道ばた、林の中などに自生しているのをたやすく見つけることができます。生け垣にされていることもあります。

熟す前の実

ペリカンの口のような花

主な効能

消化不良、痰切り

作用 体内の余分な水分を取り除き、主に消化気管を温め、食積を改善することにより、効果を発揮します。

●消化不良、食欲低下、胸・腹の冷痛や脹満（腹水によるふくれ）、下痢、健胃整腸に――種子を煎じて服用します。ミカンの果皮や生姜を一緒に煎じても。いずれも、冷えを原因とした症状に効果的です。

○痰切りに――種子大さじ5杯に生の松の葉1束を入れて煎じ、服用します。

※葉には抗菌作用があるほか、気管支炎や痰、鼻炎などの風邪の症状によいという話があり、風邪時に集中的に飲んでみたところ、痰が切れ、鼻詰まりの改善が感じられました。消化器管を温める作用によるものでしょう。

※漢方では同じショウガ科の「縮砂（別名：砂仁（シャニン）*Amomum villosum* LOUR）薬効は腹痛、嘔吐、食欲不振、下痢など）の代用にすることがあります。この砂仁にゲットウが似ていることからゲットウが砂仁と呼ばれ、砂仁を「サニン」と呼び、やがて「サンニン」になったという説があります。

華やかなオレンジ色の実

ブドウの房のように花をつける

“ゲットウ”との会話

大滝：聞いたよ、ゲットウさん。最近、紙としても活躍してるんだって？

ゲットウ：紙? ああ、便所のちり紙に使うんなら、私じゃなくてオオバギだよ。ほら、よく私の横に生えてる丸くてでっかい葉のヤツ。私で拭くとにおいはいいけどケガするさ。

大滝：ちがう、ちがう、茎から作る紙だってば。ほかにも、ゲットウさんの葉を使った化粧品とかエッセンシャルオイルとか、とにかくちまたはゲットウブームなんだって。

ゲットウ：だからよ。今頃、私の良さがわかったかい。

大滝：ちなみに、うちでもゲットウさんをお皿代わりに使うのがブームだよ。

ゲットウ：……あんた、なんか遅れてるさ。

レシピ Recipe

●伝統的にはゲットウは包み葉やお皿に使われたことが多かったようですが、現代的に、アルミホイル代わりに魚や肉をのせてグリルで焼いてみるのはいかがでしょうか。
●ローレルのようにご飯やスープ、煮ものの香り付けに使ったり、オイルやビネガーに浸してドレッシングにするのも一案。
●葉の乾燥粉末をご飯やスパゲッティにふりかけたり、パンやお菓子に入れるのもおすすめです。
●長時間水を吸わせたマージン（キビ）を包んでゆでるキビムーチーは感激のレシピ。そして、ゲットウだけでなく、バナナやオオハマボウ（ユウナ）の葉などいろいろな葉が台所や食卓にもう一度のぼる日がくれば、自然界はぐっと身近になるでしょう。
●創意工夫に疲れたら、シンプルなゲットウ茶でホッと一息つきましょう。

㊟ほかの葉で試してみたいという方は、その葉を口に入れても安全か、まず確かめてからにしましょう。

親しみやすい薬草

ホソバワダン（ニガナ）

和名漢字名：細葉わだん、細葉海菜

ヨモギやボタンボウフウ（サクナ）とともに沖縄3大薬草のひとつとも言えるニガナは今なお人々に親しまれ、店頭にも並ぶ貴重なスーパーマーケット薬草でもあります。ヨモギと同様、ニガナの野生種であるホソバワダンは雑草の名にふさわしく、ふんだんに生えていますので、味も薬効も濃厚な野生のニガナをぜひ一度楽しんでみてください。

data

学名：*Crepidiastrum lanceolatum* (Houttuyn) Nakai
分類：キク科アゼトウナ属
方言名：ニガナ（苦菜、細葉苦菜）、ンジャナ、イガナ、ハルンジャナ、モーンジャナ
薬用部分：葉、根
食用部分：葉

海岸で

海岸近くの道路脇で

特徴

高さ5～20㎝。5～20㎝の白味がかった長楕円形の葉はキャベツのような厚みを持ち、直接根から生え、放射状に広がります。長く伸びた花茎の先には1㎝程度の黄色の小花をいくつも咲かせます。10㎝程度の茎を四方八方にひょいひょいと伸ばし、その先に新しい株をつくりながら増えていく様子がなんとも軽快です。

生育・採取場所

島根県以南の日本海側から沖縄、朝鮮半島南部・中国に分布する多年草。海岸の岩場や砂地、道端、道路と壁の境目などに自生します。栽培もされ、人家の庭園で野生化し、群生していることもあります。

主な効能

胃腸の不調、発熱

●胃腸の不調に――［胸やけ］生の葉をかんで食べます。または葉をおつゆにしたり、煮て食べます。［胃けいれん］葉の生汁盃1杯を飲みます。または根を煎じて飲みます。［下痢］葉をおつゆにして食べたり、根を煎じて飲みます。または、生葉を突き砕き、汁をお湯でうすめて飲みます。［腹痛］根を煎じて飲んだり、ヨモギといっしょにおつゆにして食べます。または、生葉を突き砕き、汁をお湯でうすめて飲みます。［胃潰瘍］根を煎じ、服用します。［消化不良］生葉をすりつぶした汁を飲んだり、汁の実にします。

●風邪などの発熱に――コイ、またはフナ（ターイユ）といっしょに生葉を煮て、その汁を飲みます。フナと煮たものはターイユ・シンジと言われています。葉の汁だけでもいいです。または葉をそのまま食べます。

○できものに――［できもの、腫れもの、リンパ腺腫］生葉をつきくだいた汁に酢を少し加えて患部に塗ります。［水虫］葉をすりつぶして汁を患部につけます。

【その他の沖縄民間療法】

○頭痛に――ヨモギの汁といっしょに飲みます。

○咳に――根を煎じてお茶のように飲みます。

※ハマナレン（同じキク科アゼトウナ属、学名：*Crepidiastrum lanceolatum* Nakai、別名：大葉苦菜、方言名でトウンジャナとも呼ばれる）も「ニガナ」と呼ばれており、ホソバワダンよりも葉が大きく、スーパーで販売されています。薬効はホソバワダンと同じ。

※本土のニガナ（キク科ニガナ属、学名：*Ixeris dentata*、和名：黄瓜菜（ニガナと読む）または苦菜）は別種。

花壇のすきまも大好き

道路上でもたくましく自生する

1㎝大の小花

"ニガナ"との会話

大滝：あー、おなかすいた。……あれ? この前ここに生えていたニガナさんたちがいない。生でも煮てもおいしくて、おなかにやさしいニガナさん……うっ。うっ。

ニガナ：仲間は刈られてしまったんジャナ。

大滝：ん? どこから声が?

ニガナ：わしは上ジャナ。

大滝：わっ! ニガナさんはそんな岩の上にも登れるんですか?

ニガナ：ここなら安全じゃが追いつめられた気分ジャナ。本当は土が恋しいジャナ。

大滝：じゃあ、全部私の庭に移植してあげます! （岩にのぼりながら）

ニガナ：わ～、ほかの草たちとの競争はもっといやジャ～!

ツルナ

和名漢字名：蔓菜、中国名：番杏（ばんきょう）
生薬名：番杏（ばんきょう：全草）、英名：Newzealand-spinach

浜辺でよく見かけるこの薬草は、ツル状の青菜なのでツルナと名付けられたそうですが、南米など各地で野菜として市場に出回っているそうです。本土の海菜マニアの間でも知名度は高く、沖縄でも昔はよく食べたという話をたまに聞きます。ツルナの味には海岸の自然破壊を食い止める力があるかもしれません。

data

学名：*Tetragonia tetragonioides* O. Kuntze.
分類：ツルナ科ツルナ属
方言名：チルナ、ハマンスナ
別名：ハマヂシャ、ヤマヂシャ
薬用部分：全草
食用部分：若葉

特徴

草丈10〜60㎝で、地面をつる状に這いながら横に広がる茎は長さ60㎝前後。茎の先は斜めにゆるやかに立ち上がります。茎に交互につく3〜10㎝の葉は丸味を帯びた三角形からひし形で、厚みがあり、表面の細かい突起がキラキラ光っています。触れるとザラザラした感触です。葉のわきに目立たない黄色い小花をつけます。

生育・採取場所

北海道西海岸から九州、沖縄および中国、台湾、南アジア、ニュージーランド、オーストラリアに分布する1年草。海岸から少し離れた岩場沿いの砂地に広く自生し、多くの場合、他の植物から離れて大小の群落を作っています。野菜として栽培されることもあります。

地面をつる状に這う

葉のわきの目立たない小花

主な効能

胃炎、胃腸の不調

作用　体内の余分な熱や毒を取り除くことによって効果を発揮します。

●胃炎、腸炎、胃酸過多、胸やけ、胃潰瘍、十二指腸潰瘍に――全草を煎じて服用します。

○胃ガン、食道ガンの予防、胃弱に――全草を煎じて服用します。葉茎を煮て常食するのもいいでしょう。昔は全草が胃癌や食道ガンに効くと言われていましたが、科学的な根拠はないという人もいます。

レシピ *Recipe*

やわらかい若葉でないとアクが強くて食べられません。若葉もしっかり下ゆでし、少し味見してから料理に使いましょう。私は食卓で一口いただいた後にゆで直したことが何度もあります。ホウレンソウ感覚で使えますが、まずはシンプルにお浸しでツルナの素顔を堪能してはいかがでしょうか。

肉厚のキラキラ光る葉

“ツルナ”との会話

ツルナ：ボクの葉のシャキシャキした歯ごたえはピカイチだろ?

大滝：そりゃもう。それに1週間食べ続けられるほどたくさんあるので、毎日のおかずに重宝してます。

ツルナ：キャプテン・クックがニュージーランドを探検したときにボクに味をしめてイギリスに持ち帰ったっていう話、知ってる? 大滝も近所のみんなにボクのこと紹介して、オキナワホウレンソウとして人気を復活させてよ。

大滝：すでに何人もにツルナくんを紹介しているんだけど……。

ツルナ：え? 何? 聞こえなかった。

大滝：い、痛たた……責任を感じて急にお腹が……（仮病）。

ツルナ：それはまずい。早くもっとボクを食べるか、煎じて飲んで。オキナワホウレンソウになる夢はあきらめるよ。

ハマスゲ

和名漢字名：浜菅、中国名：莎草（しゃそう）
生薬名：（局）香附子（こうぶし：根茎）

花壇のやっかいものとしてのハマスゲのみ知る人は、漢方では「気病の総司、婦人科の主帥（主将）」と呼ばれ、もてはやされていると知ったら驚くでしょう。これを機に、花壇に現れたハマスゲをそのまま育ててみませんか？

data

学名：*Cyperus rutundus* L.
分類：カヤツリグサ科カヤツリグサ属
方言名：コーブシ、コウブシ、カブス
別名：クグ
薬用部分：塊根（芋）、地下茎

特徴

高さ20～50㎝で、全体的にススキのように見えますが、根から直接生えてくる線形の葉は幅5㎜前後とずっと細く、繊細な印象です。つやつやしてきれいな葉だなあと思わず触れてしまうと、まず手にくっつく感触があり、さらに、鋭い縁で手を切られてしまいます。地下には白い茎があり、その先にショウガを小さくしたような塊根（芋）があります。葉の間から花茎を伸ばし、赤褐色で光沢のある穂形の花をつけます。

生育・採取場所

関東以西の各地およびほとんど全世界の温・暖帯に分布する多年草。日当たりのよい海岸砂浜、空き地、畑地、人家の庭、花壇などに多く生えています。しっかりと土に根をはっているので徹底的な除草は困難なのか、あちこちに見られます。

下のほうの茎は白い

つやのある葉

主な効能

月経不順、月経痛、腹痛

作用 気のめぐりをよくすることによって効果を発揮します。寒熱に偏らないので、どなたでも使用できます。

●月経不順、生理痛、乳房の結塊、生理前に胸が張って痛い、更年期障害、憂鬱、ヒステリーに——根塊を煎じて飲みます。気のめぐりが悪く、鬱鬱とした人や神経質な人の症状に有効。婦人科の常用薬です。

●腹痛、慢性胃炎、神経性胃炎、吐気、消化不良、ガス、妊婦の食欲増進に——根塊を煎じ、服用します。気のめぐりが悪く、神経過敏な人の症状に有効。

○うつ病、気分の移り変わりに——根塊を煎じ、服用します。

※根だけでなく全草を莎草として薬用にすることがあります。胸のつかえや皮膚のかゆみに煎じて服用したり、各種できものに生のまま突き砕いて患部に貼ります。

※アーユルベーダでも月経不順改善の目的で使用されます。月経不順および月経痛に関しては最良の薬草の一つです。

薄く切りザルで乾燥させる

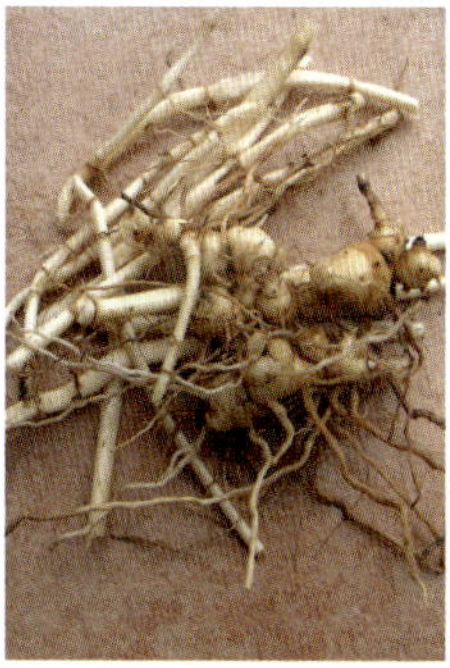
収穫したばかりの根はいい香り

乾燥した根

レシピ Recipe

北カリフォルニアのアメリカ先住民は「ナッツ草（nutgrass)」と呼んで、根茎を煎って食料にしていたそうですが……。

花壇の常連である若芽

“ハマスゲ”との会話

ハマスゲ：あら、珍しいわねえ、大滝さん。今日は私の根を採りに来たの?

大滝：い、いえ。もう少し成長するのを待ったほうがいいかなと思って。そ、そうだ。少し間引きしましょうね(と言いながら草むしり)。

ハマスゲ：うそをおつき! この前、漢方薬局からコウブシ（ハマスゲの生薬名）買ってたさ。

大滝：ハ、ハマスゲさんの根は抜くのが大変なんですっ。

ハマスゲ：それも月経不順を治す一環さ。運動不足もイライラの原因の一つだからね。

大滝：さすが、婦人科の神様。そこまで考えて根を採りにくくしたんですね。

親しみやすい薬草

クマツヅラ

和名漢字名：馬鞭草（ばべんそう）、生薬名：馬鞭草、馬鞭根（ばべんこん）、英名：バーベイン、Vervain、Blue Vervain

クマツヅラは西洋ではバーベインと呼ばれ、古代より神の恵みのハーブ（holy herb）として珍重され、神事での占いや呪術、儀式、薬用には欠かせなかったといいます。沖縄でも産後の薬草の代表として、産婦と赤子の健康のために外用内用にと活用されてきたようです。ここでも西洋の場合と共通する神聖さが感じられます。

イライラや興奮を冷まして心を晴れやかにする作用もあるクマツヅラさんですが、一番クマツヅラさんを飲まなければならないのは本人かも知れません。すぐに危険な車道にはみ出してしまうからです……。

data

学名：*Verbena officinalis* L.
分類：クマツヅラ科クマツヅラ属
方言名：アーケーズーグサ（首里）、センスルーグサ（沖縄本島）、ンギャギー（宮古）、アキチャミヨーフサ（石垣）
薬用部分：全草

特徴

高さ30～100㎝の多年草。可憐で線が細く上品なため、単独で生えていないと他の草にまぎれて区別がつきにくく、写真を撮るのも至難の業です。けれども、穂状に咲く薄紫の小花は周囲の緑に映え、目立つので花の時期なら大丈夫。花のない時期は、少し細めですがヨモギによく似たギザギザの葉を団子に入れてしまわないよう気をつけて。葉は四角形の茎に向かい合ってつきます。

生育・採取場所

アジア、ヨーロッパ、北アフリカの暖帯から熱帯、および日本では東北～沖縄にかけて広く分布し、自生する多年草。原野や道ばたに生える多年草。野原一面クマツヅラ畑になっていることもありますが、道端でほかの背の高い草に混じって数本生えていることが多いです。長く飲み続けるには、群生地を見つけるか、乾燥保存が必要でしょう。

手に取ればよく見える

四角い茎をはさんで向かい合う葉

主な効能

月経不順、生理痛、皮膚病

作用 体内の余分な熱や水分や毒を取り除き、血や気のめぐりをよくすることによって効果を発揮します。

●**月経不順、生理痛、産後のおりものが長く続くときに**——乾燥した全草を煎じ、服用します。経血に血の塊が混じるなど、血行不良が原因の症状に有効です。乳の出をよくするともいわれています。

●**皮膚病に**——［腫瘍、腫れもの］全草を煎じてその液で患部を洗浄します。生の葉や茎の汁を患部に塗ってもいいです。［ニキビ、湿疹］全草を煎じて服用します。［あせも（汗疹・汗疹性湿疹）］煎じて、その液で入浴します。［乳腺炎、皮膚化膿症］全草を煎じて服用します。または煎じ汁を患部につけます。沖縄では以前、産婦乳児の入浴に使われていました。

○**マラリアに**——全草を煎じて服用します。

○**風邪、インフルエンザ、熱さましに**——全草を煎じて服用します。

○**肝臓機能障害、肝炎、黄疸、肝硬変、および肝臓機能障害による神経系症状、怒り、ショックに**——全草を煎じて服用します。西洋ハーブ医学でよく知られた効能です。気のめぐりをよくし、抑うつ状態を改善する作用が生かされています。

【その他の沖縄民間療法】

○**腹痛に**——葉を煎じて服用します。

※東南アジアの民間療法では、全草のしぼり汁を打撲傷や打ち身などに塗布するそうです。

空き地での目立たなさはウイキョウといい勝負

可憐な薄紫の小花

ヨモギに似た葉だがもっと苦い

“クマツヅラ”との会話

大滝：クマツヅラさん、あぶないっ! ……すみません、工事の方。この草は大事な薬草なので刈らないでください。

クマツヅラ：……大滝さん、ありがとう。私、大滝さんに早く見つけてもらおうと思って、ついいつも車道にはみ出しちゃうのよ。私って地味だから。

大滝：ダメよ。あなたは女性の体と新しい命を育む大切な体なんだから、次の世代まで長生きしてもらわなきゃ。

クマツヅラ：そうよね!　私のことを次の世代に伝えるために、今度は道の真ん中で手をふるわ!

ウシハコベ

和名漢字名：牛繁縷、生薬名：繁縷（はんろう）

本を見て初めて作ったハコベの軟膏で虫さされのかゆみが消えたときの感動は忘れられない思い出の一つです。そして、消費期限1年という記述をうのみにして、まだ十分に効いていたその軟膏を捨ててしまったのはそれ以上に忘れられない後悔の思い出の一つです。現在冷蔵庫にあるハコベ軟膏の力は何年持つのか？記録更新中。身近な草の底力を見せつけてくれる薬草です。

data

学名：*Stellaria aquatic* (L.) Scop.（ウシハコベ）
分類：ナデシコ科ハコベ属（ハコベ属の花柱は通常3本であるが、ウシハコベは5本の花柱を持つので、別属（ウシハコベ属）とされることもある）
方言名：シルミンナ（首里）、ヤファラミンナ（沖縄）
薬用部分：全草
食用部分：全草

笑ってウィード
ハコベはダイエットにいいといわれるが、ハコベを食べてダイエットしようなどと思う人は最初からやせている。

特徴

高さ10～30㎝の多年草で、赤味を帯びた細くてか弱い茎に、なめらかで柔らかく、おいしそうな黄緑色の長さ1～2㎝の葉を向かい合ってつけます。葉のふちが波打っていることも特徴です。2～5月頃、星がまたたくような白い小花を咲かせます。花びらは2枚が下でつながったような形でVサインのようですが、迫力はそれほどなく、全体にしなやかな印象です。茎の下のほうは地面に寝そべっていますが、上に向かうにつれて立ち上がります。一本で生えることはほとんどなく、ほとんどいつもモジャモジャと集団で茂っています。

生育・採取場所

北海道、本州、四国、九州および北半球の暖帯、温帯に広く自生する多年草。畑の隅やサトウキビの根元など、栄養分が多く、やや湿った場所に固まって生えています。半日陰のほうがお好きなようで、幾分背も高く、青々としています。特に畑に多く生えているので、近所のハルサーさんにお願いして採集させてもらいましょう。味の良さや薬効を説明すれば、ハコベに特別指定席をくれるかもしれません。

㊟ハコベと葉や背格好がよく似ていますが、青い花を持つ毒草のルリハコベと間違えないように。舌がしびれるのですぐにわかりますが、慣れないうちは花が咲いていないものは採らないほうが無難です。

ルリハコベ（毒草）鮮やかな青い花→

向かい合ってつく葉

ハコベご飯

主な効能

歯茎の出血、歯痛、母乳不足、かゆみのある皮膚病

作用 体内の余分な熱や水分、毒を排除し、さらに血のめぐりを良くすることにより、効果を発揮します。

●**歯茎の出血、歯痛、歯槽膿漏や虫歯の予防、歯磨き粉に**――乾燥した葉を粉末にして3分の1から同量の塩をまぜた緑色の「ハコベ塩」で歯を磨きます。軽くフライパンで炒り、カラカラにすると、手で砕けます。指につけてマッサージしてもいいです。ハコベ塩は、全草を採取し、塩もみするなどして青汁をとり、それを塩に含ませて乾燥させる方法もあります。急ぐ場合は、鮮度が落ちますが、フライパンで炒って乾燥させます。これは葉くずがハブラシにつかないという利点があります。［歯痛］茎葉を塩と一緒にかみます。

青汁を利用したハコベ塩

●**母乳不足、産後の浄血に**――料理に使ったり、全草を煎じて服用します。産後の古い血をきれいにし、乳汁の分泌を促します。

●**皮膚のかゆみのある様々な症状、蚊さされ、湿疹、乾いてざらざらした頭皮、フケ、じんましん、腫れもの、乾癬、痔に**――［共通］生葉の絞り汁を直接患部に塗るか、薬草オイルや軟膏を塗ったり、葉の湿布をします。［腫れもの］蒸した全草をそのまま貼ると腫れものが溶けます（消散効果、散らし薬）。［頭皮の症状］葉の絞り汁を直接患部に塗ります。

○**腎臓病、浮腫、脚気に**――全草を煎じて服用します。［脚気］葉茎を煮て食べます。

※「ハコベ」と呼ばれて薬草にされることの多いのはこのウシハコベではなく、コハコベ（(繁縷) *Stellaria media* (L.) Villars）とミドリハコベ（Stellaria neglecta Weihe）ですが、ウシハコベにもそれらと同様の効果があるといわれています。

※ハコベ（コハコベとミドリハコベ）にはさらに以下のような効能があります。ウシハコベにもおそらく同じ効能があるでしょう。

○**盲腸炎、胃腸病、子宮病に**――おひたしやおつゆに入れて食べます。盲腸炎の強烈な痛みには全草を煎じ、服用します。

○**胃腸炎、虫垂炎に**―全草を煎じて服用します。虫垂炎に特効があるそうです。

○**過剰な皮下脂肪に**――全草を煎じて服用します。穏やかな利尿作用と下剤効果があります。

赤い茎

星のような小花

“ウシハコベ”との会話

大滝：あなたってとってもかわいいのに、どうして「ウシ」なんて名前につけられたんだろうね。
ウシハコベ：そうなのよ、もうっ。本土の兄弟のコハコベやミドリハコベよりちょっとばかり大きいからって、もうっ。
大滝：彼らと同じようにかゆみもすうっと消せるし、立派な歯磨き粉にもなるのにね。
ウシハコベ：そうなのよ、モーッ! いやんなっちゃう、モーッ!
大滝：「ウシ」と呼ばれる理由がよーくわかりました。

親しみやすい薬草

アカメガシワ

和名漢字名：赤芽柏、赤芽槲
生薬名：将軍木皮（しょうぐんぼくひ：樹皮）

上品な赤い葉も成長すると緑色に変わり、本土ではカシワの葉のように食べ物をのせる葉として活躍したそうです。だから、アカメガシワ。とにかく食べ物に縁がある植物らしく、別名のゴサイバ（御菜葉）、サイモリバ（菜盛葉）も食べ物を盛るという意味です。成長しても葉が赤ければ、宮廷御用達食物盛葉に昇格したかもしれません。

data

学名：*Mallotus japonicas* Muell. – Arg.
分類：トウダイグサ科アカメガシワ属
方言名：ヤマユーナ、タヒ（国頭）、カサイキ（西表）
別名：ゴサイバ、サイモリバ
薬用部分：葉、樹皮
食用部分：若芽、やわらかい葉

葉の裏はざらざら

赤い若芽

特徴

その名のとおり、ショッキングピンクに近い明るい赤色の若芽が目印の高さ2～5mの落葉高木。成長した葉は緑色。葉は茎に交互につき、形は卵形ひし形で、先がとがっている葉と、先が2つか3つに裂けている葉があります。長さは10～20㎝で幅15㎝前後になります。樹皮は褐色で幹はまっすぐ。初夏から夏にかけて円すい形に白い花を咲かせ、秋に実をつけます。若芽と花の時期以外は葉の裏を見てみましょう。ほこりのような細かい白い毛でざらざらしています。

生育・採取場所

本州から九州、沖縄および朝鮮半島、台湾、中国南部の丘陵地に分布する落葉小高木。山野や雑木林の手前のほう、公園や空き地、道端に多く自生しています。春先に出る赤い芽は猛スピードで走っていても目に留まります。

主な効能　胃潰瘍、十二指腸潰瘍、腫れもの

●胃潰瘍、十二指腸潰瘍、慢性胃腸炎、胃癌、肝炎、胃酸過多、消化不良に――樹皮を煎じ、服用します。体内の解毒を行い、炎症性の症状に効果あり。

●腫れものに――［腫れもの、頭部の腫れものやできもの］葉を煎じて服用します。患部に葉の煎じ液を塗ったり、風呂に入れると効果が高まります。［腫れもの］葉をつきくだいてつけるか、煎じ汁で洗浄します。［あせも、かぶれ、湿疹］葉を浴用にします。

※現在では樹皮のエキスを原料とした胃潰瘍治療薬が発売されています。

穂状の花

車道脇で

レシピ Recipe

●赤い若芽や若葉のほか、やわらかい葉が食べられます。よくゆでて水にさらし、おひたし、各種和え物、油いためにして食べてみましょう。ゆでて刻んだものと塩をご飯に混ぜたアカメガシワご飯はいかがでしょうか。アカメガシワジューシーもいいかも。

“アカメガシワ”との会話

アカメガシワ：この前私の前を自転車で通ったときは美しい赤い葉に見とれてくれたのに、今日は立ち止まってもくれないのね。

大滝：ごめん、今日は珍しく急いでいるから。

アカメガシワ：あら、そう。なら、すぐに私のもとに戻ってくるわね。

大滝：え?

アカメガシワ：だって、汗びっしょりであせもになって、ストレスで胃も痛くなるでしょ?

夢かなうとき

しめしめ これだけ 草が伸びれば 念願の……
ここよきっと 庭が荒れ放題 だし
建物はまだ 新しそうね
ガサッ
ガサッ
中古物件
きゃっ！ 動物が 死んでる！

第二章　おきなわ野の薬草ガイド

わりと親しみやすい薬草

わりと
親しみやすい薬草

アキノワスレグサ（クワンソウ）

和名漢字名：秋の忘れ草、中国名：萱草（カンゾウ、ワスレグサ属一般に共通）

古くから薬草として各家の庭に植えられていたというアキノワスレグサ。クワンソウという方言名のほうがよく耳にするかもしれません。中国名の「カンゾウ」からきた方言名は20近くもあり、さらに「眠い」を意味する方言「ニーブイ」由来の方言名もいくつかあります。不眠症に効く薬草として親しまれてきた歴史を感じますね。一度庭に植えたら自然と一生のお付き合いになる丈夫で頼もしい薬草です。

主な効能

不眠症、止血、強壮、むくみ

data

学名：*Hemerocallis fulva* L.var. *sempervirivirens* M.Hotta
分類：ユリ科ワスレグサ属（キスゲ属）
方言名：クワンソウ、ニーブイグサ
別名：トキワカンゾウ
薬用部分：根、根元の白い部分、花
食用部分：やわらかい若葉、根元の白い部分、花、根

特徴

高さ30～80㎝のユリによく似た植物。幅1～2㎝の線形で厚みのある葉は数枚包みこむようにして束になっており、根から直接ななめに伸びます。花も同じく根から直接生える花茎の先につきます。ラッパ状の花のオレンジ色は、緑一色の空き地でひときわ鮮やかに輝きます。

生育・採取場所

鹿児島県以南から沖縄を含む南西諸島、台湾に分布する常緑多年草。農産物や薬用に畑や庭で広く栽培されています。畑のそばの空き地では野生化したクワンソウを見かけることがあります。

タイム畑に侵入

即食べられる運命の花

●**不眠症、興奮、いらいらに**——根を煎じて服用したり、味噌汁にして食べます。または、葉と豚の肝臓をいっしょに煎じて食べます。旧暦の8月に花が咲くので、その花を食べます。根または葉の根元の白い部分と肉類を煮て食べます。
●**止血や補血に**——根を煎じて服用します。
●**強壮、食欲不振、疲労回復に**——根を煎じて服用します。
●**むくみに**——根を煎じて服用します。
○**腫れや痛みに**——根適量を突き砕いて患部を湿布します。
○**黄疸に**——根適量と母鶏を煮て食べます。

※同じ仲間に、中国に分布するホンカンゾウ（学名：*Hemerocallis fulva* var.fulva）、日本国内に分布するヤブカンゾウ（学名：*Hemerocallis fulva* var.*kwanso*）、ノカンゾウ（学名：*Hemerocallis fulva* var.*disticha*）などがあります。中国ではホンカンゾウの根や花を利尿、消炎、止血薬、不眠、黄疸の治療に用いています。ヤブカンゾウとノカンゾウも以前はホンカンゾウと同様に薬用に用いられましたが、現在は食材としての利用が中心になっています。
※中国名「カンゾウ」により、生薬の「カンゾウ（甘草）」と混同することがありますので注意。
※名前のよく似た「ワスレナグサ（忘れな草）」はムラサキ科の一年草で別種。

わりと 親しみやすい薬草

バナナ

和名漢字名：実芭蕉、中国名：甘蕉、芭蕉　生薬名：甘蕉根（根茎）、蕉油（樹液）、蕉葉（葉）、芭蕉花（花）、甘蕉実（疳実）

食べ物を包むのに使われる葉（カーサー）にはゲットウやモモタマナ、オオハマボウなどいろいろありますが、バナナの葉もその一つ。そのうちバナナの葉でお弁当を包んだ思い出は割合身近なようです。古き良き時代の油味噌弁当を偲びながらバナナの葉をみつめる近所のお年寄り。バナナの葉に包まれ、ガジュマルの枝がお箸として添えられた久高島産のお弁当。シンプルなご飯には強い日差しのもとでバナナの葉の香りが移り、趣を添えていました。

主な効能　発熱

●発熱に――根や茎を煎じて服用します。

○むくみ、脚気に――葉を煎じて服用します。

○毒虫さされ、外傷、痛みや腫れに――生葉をそのままもむか、あぶって柔らかくしてからもみ、患部に巻きつけます。

※食用となるバナナは品種が多く、世界で数百種にのぼります。

data

学名：*Musa paradisiaca* L.var. sapientum O.Kuntze
分類：バショウ属バショウ科
別名：ミバショウ
薬用部分：葉、茎（偽茎、葉柄束）、根、果実
食用部分：果実

特徴

草丈2〜4m。長楕円形の巨大で厚みのある葉が何枚も重なり、茎のように見えます。葉の間から花茎が伸び、その先に垂れ下がる穂状の花を咲かせ、円柱状に多数の果実をつけます。

生育・採取場所

インド原産で、沖縄、小笠原、台湾、南洋諸島などにもみられ、広く熱帯地方に栽培される大型多年草。沖縄中の畑や家庭菜園で広く栽培されています。

円柱状につく果実

イトバショウ（リュウキュウバショウ）

data

学名：*Musa liukiuensis* Makino
分類：バショウ科
方言名：ウー、バソー、バサーウー、ウーバショウ
別名：リュウキュウバショウ
薬用部分：果実、花、茎（偽茎、葉柄束）

高級織物の「芭蕉布」を織る繊維の原料となるイトバショウ。昔は、芭蕉布だけでなく、船縄具や御用紬の絣の結び材としても欠かせないものだったそうです。苧麻（カラムシを使った織物）と同様に「ウー」と呼ばれたり、それと区別して「バサーウー（芭蕉苧）」または「（ウーバショウ（苧芭蕉）」と呼ばれることがあります。

効能　発熱、腹痛

○発熱に――茎を細かく砕いてしぼった汁を茶碗1杯飲みます。茎を砕いて、その茎で背中や胸をこすった後、額と背中を酒で拭きます。茎を細かく砕き、しぼったカスで身体全体をもみます。茎を細かく砕き、それを水にいれてしぼり、枕にします。

○腹痛、大腸炎、痢病に――果実と豚の赤肉を煎じて食べます。花のつぼみを豚肉といっしょに煮て食べます。イトバショウの効能はバナナと同じともいわれます。

●生育地・採集場所

多年生高本状草本。畑地や家庭菜園で広く栽培されています。

わりと
親しみやすい薬草

イボタクサギ

和名漢字名、生薬名なし

クサギといえば、主に暖地に生えるこのイボタクサギよりも、全国各地でみられるショウロクサギ（松露臭木）のほうがよく知られ、漢方薬（生薬名：臭梧桐《しゅうごとう》）や染料、食料として広く活用されてきました。けれども、残念ながらショウロクサギにはまだあまり馴染みがないので、イボタクサギだけご紹介させていただきます。

主な効能 あせも、乾癬

data

学名：*Clerodendron* spp.
分類：クマツヅラ科クサギ属
別名：ガザンギー、ガジャンギ、ハマホーギ
薬用部分：葉、全草
食用部分：葉

特徴

細い枝をあちこちに向かってまっすぐ突き付けるように伸ばす半つる性の低木で、枝の長さは2〜3m。葉は長楕円形でつやと厚みがあり、長さ3〜10㎝。葉のわきから伸びた茎に小さな白い花を数個咲かせます。花の中心から紫色の長い雄しべがすうっと伸びる姿は蝶の触角を思わせ、優雅です。

生育・採取場所

台湾、熱帯アジア、オーストラリア、ポリネシアをはじめ、日本では種子島以南から琉球諸島に分布する半つる性低木。海岸に多く自生し、人家の周りの林の中でもよく見られます。

枝が刀のようにまっすぐ伸びる

蝶の触角を思わせる長い雄しべ

●あせもに――イボタクサギの全草を煎じ、その液で浴びます。
●疥癬に――生の葉を煎じてその汁で浴びます。または煎じ汁を患部に塗ります。
○腹痛に――葉をお汁にして食べます。

“イボタクサギ”との会話

イボタクサギ：ちょっと待った！ どこ行くんだい？（2本の枝で大滝をはさむ）。
大滝：き、今日こそはショウロクサギさんのところへ……。
イボタクサギ：もっとオレを知ってからにしろ！
大滝：あなたさまについての資料は少ないんで……。
イボタクサギ：本じゃなくて自分の体で知ろよ！
大滝：ごもっともですっ！

ウコン（ウッチン）

秋ウコン＝ウコンの和名漢字名：鬱金、春ウコン＝キョウオウの和名漢字名：姜黄　生薬名：姜黄（きょうおうに共通）

中国やインドで伝統的に使われてきた薬用植物。中国から日本に伝わったのは江戸時代か室町時代と言われます。沖縄では古くから薬用植物として利用されています。日本で流通しているウコンのうち主なものは春ウコンと秋ウコンですが、沖縄ではマスメディアに左右される人気に応じて生産量や販売量が変化し、状況によっては春ウコンが秋ウコンになりすましたり、その逆もあるとか。効能はどちらも大差ありませんが、色や味は大きく異なるので、春ウコンをカレーに入れて、「このカレー、どうして苦いの?」ということのないように。

data

学名：*Curcuma longa* L.（秋ウコン）
C. aromatic S.（春ウコン）
分類：ショウガ科ウコン属
方言名:秋ウコン:ウッチン（本島）、ウキャン（宮古）、ウキン。春ウコン：ヤマウキン（国頭）、ウムザヌウキン（石垣島）、アマソンガ（西表島）
別名：秋ウコン：Turmeric（英名）、春ウコン：Wild turmeric（英名）、キゾメグサ（黄染草）
薬用部分：根茎
食用部分：根茎

秋ウコン

薬用以外にも食品添加物や香辛料としてカレー粉やたくあん漬け、製紙などに利用されます。優れた薬用植物として、また食用や染料として 古くから薬草・食品・染料として琉球王朝の財政を支えたといわれます。

特徴

草丈40～70㎝の大型多年草。長さ40㎝前後の先がとがった幅広い長楕円形の葉はなめらかで厚みがあり、茎に交互につきます。葉の間から長さ20～25㎝の、上部の白い花と下部の淡い黄色の小花とがセットになった花穂をつけます。根茎はオレンジ色に近い黄色。

生育・採取場所

熱帯アジア原産で、インド、中国南部、インドネシア、ベトナム、台湾などで広く栽培される多年草。日本では沖縄、九州南部で栽培されています。

春ウコン

苦いこともあり、食品に使われることはあまりなく、主に染料として栽培されてきました。また、特有の苦みに数多くの有用成分が含まれるとして、薬用植物としても琉球王朝時代から大切にされてきました。現在も根強い春ウコンファンがいます。

特徴

秋ウコンにかなり似ていますが、花穂上部の白い花びらの先が薄いピンク色である点、根茎が黄色である点が異なります。

生育・採取場所

中国南部および東南アジアに分布し、日本には江戸時代に渡来したといわれる多年草。西表島、石垣島、大宜見村や鹿児島県の一部の山地に自生していまが、西表島をのぞき絶滅状態にあるといわれます。沖縄で栽培されています。

主な効能

肝臓の病気、胃腸の不調や痛み、細菌や炎症

秋ウコンと春ウコンとでは成分は多少異なりますが薬効に大差はないと考えられており、ここでは同様に扱います。

作用 体を温め、血や気のめぐりを良くすることにより、効果を発揮します。解毒効果や殺菌効果にも優れています。

●肝臓の病気：肝炎、胆のう炎、胆石症、黄疸に――根茎を煎じて服用します。［肝臓病、黄疸］根茎を煎じて飲みます。

●胃腸の不調や痛み：消化不良、食欲不振、胃炎、胃弱、腹痛、ガスに――根茎を煎じて服用します。［健胃］根茎を細かく切って水と一緒に飲みます。［腹痛］根茎をくだいて絞り、その汁を飲みます。

●細菌や炎症：傷、痔、関節炎、腫れもの、歯痛、打身、おできに――生の根茎のすりおろし、または粉末を水で練り、患部に塗ります。（傷、痔、打身）根茎を煎じて服用します。（おでき）根茎をけずってしぼり、その汁を飲みます。

○無月経や月経過剰、肩の痛み、胸やお腹やわき腹の痛み、生理痛に――根茎を煎じて服用します。血と気の両方を動かす働きによる効果。寒さにより悪化する症状に有効。

○腎臓病に――根茎を煎じて飲みます。

【その他の沖縄民間療法】

○おたふくかぜに――根茎を大根おろしですり、腫れている患部につけます。

○咳に――根茎を塩漬けにして、その汁を飲みます。

○糖尿病、高血圧症に――根茎を煎じて飲みます。

日本のウコンと中国（漢方生薬）のウコン

ウコンは分類が難しく、また、日本と中国の生薬名が逆になっていることがウコンを取り巻く状況を複雑にしています。

現在日本で親しまれているウコンは中国では姜黄（きょうおう）と呼ばれているものです。一方、中国で広く使われているウコンは鬱金（うこん）という名で呼ばれています。どちらのウコンも鬱金という植物ですが、何が違うかというと使用する部分が違います。日本のものは鬱金の根茎であり、中国で広く使われているのは鬱金の塊茎です。中国から日本にウコンが入ってきたときにその区別がうまく伝わらず、日本では姜黄（きょうおう）がウコンと呼ばれるようになってしまいました。ですので、中国のウコン情報を日本のウコンにあてはめることはできません。しかも、この二つは寒熱が相反し、効能もかなり異なるので、注意しないと健康を損なうこともあります。ちなみに、インドで主に使われているカレー粉の原料としてのウコンは日本のウコン（秋ウコン）です。

どこまでも続くウコン畑

ゴージャスな花

春ウコンと秋ウコン

どちらも鬱金（うこん）という植物の一種ですが、日本で一般に言う春ウコンと秋ウコンはどちらも根茎の部分で、中国では姜黄（きょうおう）と呼ばれる部分。薬効は同様であるとされています。もちろん、春ウコンにも秋ウコンにも塊茎の部分があり、こちらが中国で鬱金と呼ばれています。

このように薬草では種類の違いよりも使用部分の違いのほうが大きいことがあります。クワも同様。世界中には様々なクワが存在しますが、植物の部分別にみれば薬効はどれもそれほど変わりません。

けれども、もちろん、春ウコンと秋ウコンがまったく同じというわけではなく、茎や花の色、成分や香りにはっきりとした違いがあるように薬効にも少し違いがあります（以下の表参照）。一般に春ウコンが苦くて好まれないのと、秋ウコンにはクルクミンという色素に由来する成分がより多く含まれているという理由で、最近は秋ウコンに人気が集まっているようです。ただ、商品化においてはその差もうやむやにされ、秋ウコン入りと称する商品に春ウコンが使われたりすることも少なくありません。

中国のウコンとの区別といい、春ウコンと秋ウコンの区別といい、ウコンを口にするときには十分気をつけましょう。なお、日本では、秋ウコンが単にウコンと呼ばれる一方、春ウコンはそれと区別してキョウオウと呼ばれることもあります。

<日本の春ウコンと秋ウコン>

	春ウコン	秋ウコン
別名	キョウオウ	ウコン
学名	*Curcuma aromatic* S	*Curcuma longa* L.
中国生薬名による分類	姜黄	姜黄
植物部位による分類	春ウコンの根茎	秋ウコンの根茎
花の色	ピンクがかった白	白
花の時期	春	秋
根茎の色	黄色	オレンジ色
葉の裏	毛が生えている	毛が生えていない
主な成分	クルクミン（色素、0.3%）クルクメン、フラボノイド、ターメロン、カンファー、シネオール等	クルクミン（色素、3.6%）、ターメロン、ジンギベレン等
主な作用（基本的には大差はないと考えられている）	肝臓機能強化、抗菌、健胃、鎮痛、血行促進、抗炎症、肝気を巡らせる	肝臓機能強化、抗菌、健胃、鎮痛、血行促進、抗炎症、肝気を巡らせる
性味	温、苦（強い）、辛	温、苦、辛

わりと親しみやすい薬草

ウイキョウ

和名漢字名：茴香、生薬名（局）：茴香、英名：fennel（フェンネル）

沖縄ではウィーチョーバー、西洋ハーブとしてはフェンネルという二つの顔を持つ植物。沖縄では魚汁に入れたりてんぷらの具として使われますが、実は体を温める薬草としてもかなり頼れる存在です。しかも、作用は穏やかで子供にも安全。我が家では子供の腹痛の常備薬です。

主な効能　胃腸の不調、寒さによる痛み

作用　胃をはじめとした全身を温め、さらに気のめぐりを良くすることにより、効果を発揮します。

data

学名：*Foeniculim vulgare* Mill.
分類：セリ科ウイキョウ属
方言名：ウィーチョー、ウイチョーバー（本島）、ニーズンキョー（石垣）
薬用部分：種子、葉
食用部分：種子、葉

特徴

高さ1〜2mで、黄緑色の葉は密集していますが、糸のように細く、背景に他の植物があると存在がわからなくてぶつかってしまうほど、目立ちません。茎は最初まっすぐ伸びますが、途中で枝分かれし、各枝の先に、瞬く小さな星が円形に集まった花火のような花を咲かせます。各小花はやがて薄緑色の種になり、最後には茶色く熟します。

生育・採取場所

ヨーロッパ地中海沿岸地方原産で、北海道、長野、鳥取の畑や庭園で主に栽培される多年草。

魚料理と相性のいい線状の葉

スパイスにも使われる熟した種子

●胃腸の不調：胃のもたれ、嘔吐、腹にたまったガス、腹の張りや痛み、食欲低下、消化器官の衰弱、乳児や老人の激しい腹痛に――種子を生で食べるか、乾燥した種子を煎じて食後に服用します。胃や腹の冷えによる症状に効果あり。

●寒さによる痛み：四肢の冷え、睾丸の腫れや痛みに――種子を煎じて服用します。

●痰切り、咳、喘息、風邪の咳止め、鼻水に――種子を煎じて服用します。寒気により悪化する症状に効果あり。

○**腰痛**――種子を煎じて服用します。肉類のスパイスとしてもおすすめ。特に体の衰弱している人の腰痛に効果があり。

○**排尿痛、むくみ、脚気に**――種子を煎じて服用します。

○**筋肉のけいれん、ヘルニアの痛みに**――種子を煎じて服用します。

【その他の沖縄民間療法】

○**熱さましに**――コイ、またはフナ（ターイユ）といっしょに葉を煮て、その汁を飲むか（または葉の汁のみ）、葉を洗って、そのまま食べます。

○**肝臓病に**――葉と豚肉とタコと赤豆を煎じて飲みます。ウイキョウとウコンをすって、お湯をかけて食べます。

○**頭痛に**――ハリセンボンといっしょに煮て、お汁にして食べます。

○**のぼせに**――ハッカといっしょにおかずにして食べます。

○**不眠症に**――葉を煎じて飲みます。

※煎じ方――種子は小さじ1杯入れてカップ1杯の熱湯を注ぎ、5分間～20分蒸らして服用します。

※子宮を緩くするので、妊婦は避けたほうがいいでしょう。

※インドではローストして甘みをつけた種子が胃腸の不調を癒すために食べられていたそうです。

熟す前の種子

打ち上げ花火のよう

わりと 親しみやすい薬草

ウコンイソマツ

和名漢字名：鬱金磯松

ウコンイソマツはかつてブームになったことがあり、当時は夜中に生育地である海岸にやってきて根こそぎとっていく人たちが出没したようです。玉城の奥武島の人いわく、野生の薬草は村人の間で共有するものであり、外部の人は基本的に採るべきではないとのこと。その「薬草を思う気持ち」「野生の植物を共有しようという気持ち」に古き良き沖縄を見た思いがしました。

主な効能 出血、発熱、炎症

作用 血液中、および体内の余分な熱を取り除くことにより効果を発揮します。

黄色の小花

●**出血に**――［痔］生の根を豚肉と煮て食べます。［血便や血尿］生の根を煎じて服用します。
●**発熱に**――風邪時の発熱に、茎や葉を煎じて服用します。
●**炎症、関節炎に**――茎または葉を煎じて服用します。

【沖縄民間療法】
●**肝臓病に**――根茎を煎じて、その汁を飲みます。

※似た仲間に花が淡紫色のイソマツ（イソマツ科）が知られており、薬効はほぼ同様。

data

学名：*Limonium wrightii* (Hance) Kuntze
分類：イソマツ科イソマツ属
方言名：タイワンハマサジ
別名：キバナイソマツ
薬用部分：根、茎、葉

特徴

高さ10～30㎝の低木状多年生草本。和名の由来になったウコンによく似た黄色の小花を咲かせます。10㎝前後のへら状の葉は白味がかった緑色で、中心から束になって生えています。

生育・採取場所

伊豆諸島、小笠原諸島、奄美諸島、沖縄諸島、および台湾の海岸にたたずむ、海水が飛び散るような大きな岩石の割れ目のところどころに、イスに腰掛けるようにちょこんと、幅10～30㎝ほどの塊を作って生えています。ホソバワダンもよく同様にして生えており、しばしばウコンイソマツと同居しています。

海岸の岩の割れ目に多い

わりと 親しみやすい薬草

ガジュマル

和名漢字名：榕樹、中国名：細葉榕

キジムナーが宿り、校庭に必ずといっていいほど植えられているガジュマルは、沖縄の子供たちにとっておそらく最も身近な木でしょう。昔の人々が虫さされやできものにガジュマルの汁を塗っていたことを教えると、子供たちは自分から喜んで実践します。昔の人々がガジュマルのお茶を飲んでいたと聞くと、自分から進んで葉を摘みにいき、嬉しそうにお茶を飲みます。きっと、人は本来、身近な植物を薬に使うのでしょう。かくいう私もガジュマルのお茶を飲む時は素直に楽しいのです。そんな気持ちを大切に……。

主な効能

神経痛、関節炎、打身、咳、皮膚病、腹痛

data

学名：*Ficus microarpa* L. f.
分類：クワ科イチジク属
方言名：ガジマル（本島）、ガジマギー（宮古）、ガザムネー（石垣）
薬用部位：葉、茎、樹皮、気根

厚く、葉脈の目立たない葉

岩の割れ目に吹き出す芽

●**神経痛、関節炎の痛みや腫れ、打身に**——気根を細かく刻んだものを煎じて服用します。

●**風邪に**——［発熱、咳］気根または葉を煎じて服用します。［咳、のどの痛み］気根を煎じて飲みます。または、黒砂糖を混ぜて気根や茎葉を煎じて飲みます。

●**皮膚病に**——［湿疹、かぶれ］樹皮や葉を煎じた汁で患部を洗います。［虫さされ］気根をつきくだき、その汁を患部につけます。［おでき、たむし、しらくも］茎を傷つけ、出てきた白い汁を患部につけます。［止血］木の汁を患部につけます。

●**産後の腹痛、大腸炎などの腹痛、胃けいれんに**——樹皮や気根を細かく刻んだものを煎じて服用します。

○**痔に**——樹皮や気根を細かく刻んだものを煎じて服用します。

○**眼病に**——気根や葉を煎じて服用します。

特徴

高さ10〜15mまで成長しますが、1mに満たない幼木もいたるところに生えています。葉や樹皮を使う場合はそれでいいでしょう。長さ5〜8㎝でつやと厚みのある卵形の葉は茎に交互につきます。なんといっても特徴的なのは、地面まで届く長い気根（つる状の枝）です。気根は次第に太くなり、元の木と絡み合って、ときには自然のジャングルジムが出来あがります。

生育・採取場所

沖縄に見られるガジュマルは南西諸島を中心に、台湾、中国南部、インド、オーストラリアにかけて分布する常緑高木。基本的に山野に自生。さらに、公園や歩道、校庭、庭園などでも盛んに栽培されています。しかも、それらは野生化して道端や塀の割れ目にまで次々と顔を出しているので、探すのに苦労しません。

わりと 親しみやすい薬草

カニクサ、タイワンカニクサ

和名漢字名：蟹草、中国名：海金沙、生薬名：海金沙（かいきんしゃ：成熟胞子）、海金沙草（かいきんさそう：全草）

子供がつるでカニを釣って遊んだことからカニクサと呼ぶということですが、何度見ても葉はカニの姿に似ています。実はカニクサは以前は祭祀にも使われた神聖な草だったのです。沖縄本島各地や与那国島ではカニクサは草冠として、神謡を謡う神女の頭を彩りました。人々を神々と通じさせ、豊作、無病息災、長寿、繁盛へと導かせる力を彼女たちはカニクサの中に見ていたんですね。

主な効能 尿路結石、尿路系炎症の痛み、排尿困難

作用 特に小腸と膀胱の余分な熱や水分を取り除くことで効果を発揮します。

data

学名：*Lygodium japonicum* (Thumb.) Swartz
分類：フサシダ科カニクサ属
方言名：チヌマチ
別名：シャミセンズル、ピンピンカズラ、イトカズラ、モトユイカズラ、ツルシノブ
薬用部分：茎、葉、全草、成熟胞子

特徴

つる状のシダ植物。つる状といっても茎よりも笹の葉に似た手のひら形の葉のほうが目立ちます。植物学的にいうと、この手のひら形の葉は1枚の葉の一部であり、本当は根からつるの先までの1本すべてが一枚の葉（複葉）だということです。他のシダ植物と同じです。つるの先には形の違う小さな葉があり、この葉の裏に胞子が作られます。

生育・採取場所

関東地方以西から九州および朝鮮半島南部、中国、インドシナに分布するつる状シダ植物。九州南部では常緑性。山野や林の入り口の微かな日陰をつくる木々につるを絡ませながら自生しているのをよく見かけますが、校庭の脇の木々の隙間など、身近でもみつけられます。神秘的な雰囲気が漂うなと思ったら、やっぱりそこにはカニクサが生えています。

手のひらにそっくり

これで１セットの葉

●尿路結石、膀胱結石、尿道炎、膀胱炎、排尿痛、排尿困難（小便が出にくいとき）、前立腺肥大、むくみに――茎葉を煎じて服用します。水分が少ない植物なので生でも乾燥でも同量を使います。または成熟胞子を煎じて服用します。中医学では胞子を優先して用います。

○咳に――茎葉または成熟胞子を煎じて服用します。

※奄美大島、沖縄および台湾、中国南部、フィリピン、南洋群島に分布する、近似種のテリハカニクサ *L. microstachyum* Desv. は、生態などもカニクサに非常に似ており、一種にまとめることができるという説もあります。

わりと 親しみやすい薬草

カラムシ

和名漢字名：苧麻、中国名：苧麻、生薬名：苧麻根（ちょまこん：根）または苧根（ちょこん）、苧麻葉（ちょまよう：葉）

カラムシは茎に強い繊維を持ち、古来より繊維植物として用いられてきた植物。特に宮古諸島ではカラムシ織りが庶民女性の職業として成り立ち、立派な苧麻衣が盛んに生産されていたそうです。彼女たちはきっと毎日カラムシに囲まれて、薬草としてのカラムシにも通じていたことでしょう。

主な効能 出血、妊娠中の異常、咳、皮膚病

作用 血中をはじめとした体内の余分な熱、および水分や毒を取り除くことにより効果を発揮します。

data

学名：*Boehmeria nivea* (L.) Gaudich (=*Urtica nivea*)
分類：イラクサ科カラムシ属
方言名：ウーベー、ヤマブー、ブーバイ、ウーベー
別名：ノカラムシ、イラクサ、ナンバンカラムシ
薬用部分：茎、葉、根

特徴

高さ1～2mで、青ジソによく似た濃い緑色の葉がワサワサと混み合っている様子が印象的。3～10㎝の幅の広い卵形の葉は表面がざらつき、葉の裏には白色の細かい毛が密に生え、葉のふちには細かいギザギザがあります。葉の脇に薄緑色の小花を穂状につけます。葉を服にくっつける遊びは子供が大好き。

生育・採取場所

中国、マレーシア、インドシナ原産の多年草。本州、四国、九州で栽培され、また野生化もしています。街中の道端や空き地、木の根元にもみられますが、山野や林の入り口付近や山道沿いを探すとすぐに見つかり、量的にも豊富なので、採取に適しています。

道路脇に多い

葉を服にくっつけて遊んでみよう

●**出血：咳血、吐血、血尿、痔出血、不正性器出血、皮下出血、外傷出血に**――根、または葉を濃く煎じて服用します。血中に熱を持つ症状に有効。

●**妊娠中の異常：胎熱による妊娠中の下腹痛、胎児不安、性器出血、子宮出血、および月経困難、月経不順、おりものに**――根を煎じて服用します。

●**咳、喘息、痰の出る咳に**――［共通］根を煎じて服用します。［喘息］根を砂糖煮にし、よくかんで食べます。［痰の出る咳］根を炒って粉末にしたのを豆腐にふりかけて食べます。

●**皮膚病に**――［皮膚化膿症、痔の腫痛、蛇虫の咬傷］生の根を砕いて出る汁を服用するか、患部に塗ります。［水虫］葉を煎じた液で患部を洗浄します。葉をつき砕いて出る汁を患部につけます。

○**打身、打撲傷に**――茎葉をよく乾燥させ、黒焼きにして酒に入れるか、砕いて酒で煮、少し酔うまで飲みます。

○**排尿痛、軽い腎炎に**――利尿剤として根を煎じて服用します。熱を持つ症状に有効。

○**乳腺炎に**――根を濃く煎じて服用します。

○**のどに刺さった魚や肉の骨抜きに**――根をすりおろし、その中に魚の煮汁を入れ、のどにすすり込むようにして飲みます。ネバネバが骨を連れて咽喉を通っていきます。

穂状に咲く小花

わりと
親しみやすい薬草

キダチアロエ

和名漢字名：木立蘆薈、生薬名：蘆薈（ろかい、ろえ：葉）

民間の外傷治療薬として日本で深く根付いている薬草で、生育条件が合っている沖縄ではすでに庭の雑草と化しています。アロエは世界中で約300種類が知られており、日本で利用されるのはキダチアロエ、ケープアロエ、アロエベラの3種ですが、そのうち日本で最も広く栽培されているのがこのキダチアロエ。子供のころ傷に葉の汁を塗った思い出を多くの人々の心に刻んでくれた薬草です。

主な効能 消化不良、便秘、皮膚病

作用 体内の余分な熱や毒を取り除き、肝臓や消化器系の機能を高めることにより効果を発揮する。

特徴

葉は青白い緑色で多肉質。茎に交互につき、針のように長細く、くねくねと茎を包むように伸びます。葉のふちには触ると痛い鋭いトゲがあり、ちぎるとゼリー状の粘液が出ます。葉と葉の間に筒状の朱色の花をいくつも咲かせますが、花は生育環境がよくないと咲かないようです。

生育・採取場所

南アフリカのケープ、ナタール、トランスバール地方の原産で、観賞用または薬用に全国的に栽培される多年草。沖縄では各庭で野生化した様子が見られます。

data

学名：*Aloe arborescens* Mill.、*Aloe barbadensis-officinalis* ほか
分類：ユリ科アロエ属
原産地：南アフリカのケープ、ナタール、トランスバール地方
方言名：アロエ
別名：キダチロカイ、ロカイ、ヤクヨウアロエ、ロエ
薬用部分：葉の汁

●**消化不良、健胃に**――葉をすりおろして出る汁を盃半杯、服用します。1日3回食後30分以内が使用の目安。または、生葉を細かく刻み、熱湯を注いで服用します。

●**便秘に**――［便秘］生の葉をすりおろし、空腹時に汁を盃1杯、服用します。または生葉を細かく刻み、煎じて服用します。

●**やけど、ひび、あかぎれ、虫さされ、切傷、擦り傷、湿疹、痔に**――葉の中にあるゼリー状の汁を患部に塗ります。または葉を2つにさき、患部に貼ります。［痔］肛門にアロエをつけます。

○**関節炎、筋肉痛に**――すりおろした葉を布に広げて患部に貼ります。

○**月経前症候群、更年期障害、子宮を摘出した女性に**――すりおろして出る汁を1日1、2回服用します。

※子宮を収縮させ、早産や流産を引き起こす作用があるので、妊娠中や月経時、腎臓病や虫垂炎、痔のある人は内服をさけましょう。

※アーユルベーダでは女性生殖器や肝臓の強壮を主な目的として生の汁を服用するそうです。

※胃腸の冷えやすい人は、生姜を加えることにより、安全に強壮効果を得ることができます。

筒状の花

わりと 親しみやすい薬草

グアバ

中国名：番石榴（ばんせきりゅう）、生薬名：番石榴（ばんせきりゅう：果実）、英名：Common Guava

琉球王朝時代から果樹として栽培されているというグアバ。葉を煎じるグアバ茶は熱帯各地で日々のお茶として飲まれているそうです。道端で野生化し、栽培も簡単。しかもおいしい実までもれなくついてくるという夢のような身近な木です。

主な効能 **下痢、胃腸病**

作用 主に収斂作用により効果を発揮します。

data

学名：*Psidium guajava* L.
分類：フトモモ科バンジロウ属
方言名：バンシルー、ベンスルー
別名：バンジロウ、バンザクロ
薬用部分：葉、果実、樹皮、根皮

特徴

高さ3～10m。長さ5～10㎝のゆるやかに波打つ葉は楕円形から長楕円形で茎に向かい合ってついています。赤味がかった新芽は毛が密生して白っぽくも見えます。葉と葉の間に1～3個咲く白色の花は直径3㎝前後で、花のあとに実る長さ4～5㎝の球形の果実は熟れると薄黄色になり、部屋いっぱいに甘酸っぱい香りを放ちます。果肉は白色や淡いピンク色です。

生育・採取場所

熱帯アメリカ、メキシコ原産で熱帯、亜熱帯の各地で栽培されている常緑小低木。日本では九州南部で栽培されていますが、琉球列島では庭園に栽培されるとともに、山地、空き地、道端、コンクリートの隙間などで野生化しています。

熟す前の実

これから実が出来ます

●下痢、虫下し（駆虫）に——葉を煎じ、服用します。
●胃腸病に——［腹痛］樹皮を煎じて飲みます。若い葉を煎じて、茶碗1杯飲みます。または、果実をとり、煎じて飲みます。［胃けいれん］若い葉を煎じて、茶碗1杯飲みます。［げっぷ］芯をかんだり、つぶして腹部にあてます。［急性慢性腸炎、赤痢］葉または果実を煎じて服用します。
○糖尿病に——葉を煎じ、服用します。
○肩の痛みに——葉と樹皮を煎じ、服用します。
○打撲傷に——新鮮な葉をつぶして患部に塗ります。

※樹皮、根皮は染料をはじめ、インドでは僧侶の禁欲剤に使われるそうです。

3㎝前後の白い花

わりと 親しみやすい薬草

クサトベラ

和名漢字名：草海桐花、中国名：草海桐、英名：Fan Flower, Malay Rica Paper Plant

どの海辺の写真にもさりげなく写っているクサトベラ。「庭でも海気分」目指して植え付けたら見事に成長し、夏の日差しや台風、そして中毒への不安から我が家を守ってくれています。扉に飾って魔除けにしたことから「とびら」がなまって「下ベラ」になったという説もあるそう。島中の海岸にたたずむクサトベラもきっと陰ながら私たちを守ってくれているのでしょう。

主な効能　中毒、胃腸の不調

data

学　名：*Scaevola taccada* (Gaertn.) Roxb.　(=Scaevola sericea)
分類：クサトベラ科クサトベラ属
方言名：スーキ、スシュキ
別名：カイガンタバコ
薬用部分：葉、茎

特徴

高さ1～5mの常緑低木。長さ10～25㎝の光沢と厚みのある黄緑色がかった葉は長楕円形でヘラの形に似ており、ゆるやかに反りかえっています。2㎝前後の小花は5枚の花びらが下側半分だけにつき、中心部の紫色の線が上品です。1㎝前後の果実は熟すると白くなります。

生育・採取場所

インド洋から東南アジア、オーストラリア、ハワイにかけての熱帯・亜熱帯の太平洋岸、日本では沖縄や小笠原の海岸に広く分布。海岸の砂浜、またはその近くの山野によく群生しているので、すぐに見つかります。

花のあとには白い実が

花びらは下半分だけ

○**魚毒、中毒に**――［魚毒］生葉を煎じ、服用します。［中毒］生葉をつきくだき、その青汁を飲みます。［毒消し］茎の汁を熱くして飲みます。
○**消化不良、下痢止めに**――生葉を煎じ、服用します。
○**脚気に**――生葉を煎じ、服用します。

海岸の植物天国でも主役級

ビーチで栽培もされる

わりと 親しみやすい薬草

クチナシ

和名漢字名：梔子、生薬名：山梔子（さんしし：果実）、梔子（局）

クチナシの実を風車に見立てた沖縄の人々はそれをカジマヤーと呼び、くちばし状のがくを持つナシに見立てた人はクチナシと呼んだとか。クチナシの実が熟しても開かないことから口無しと呼んだという説も有力です。一方西洋では精神的な行き詰まりを解消してくれる「幸せのハーブ（happiness herb）」と呼ばれ、香りに注目した植物学者は学名にジャスミンと名付けました。さまざまな魅力を持っています。

主な効能 黄疸、肝炎、出血、打撲傷

作用 体内の余分な熱や水分、毒を取り除くことにより効果を発揮します。特に、熱を取り除く作用が強力です。

data

学名：*Gardenia jasminoides* Ellis *forma grandiflora* Makino
科名：アカネ科クチナシ属
方言名：クチナシ、カジマヤー
別名：センブク
食用部位：果実

特徴

高さ1～5mの低木。長さ5～11㎝の長楕円形の葉は茎に交互につき、つやと厚みがあり、先がとがっています。葉と葉の間に5～6㎝の大きく香りの強い白い花を咲かせたあと、卵形で両端がとがった黄色～橙色の実をつけます。果実が熟しても口は開かず、実が裂けません。

生育・採取場所

本州静岡県以西、四国、九州、沖縄、台湾、中国に分布し、山野や林の中に自生する常緑小高木。観賞用の庭木として栽培されることもあります。

強い香りを発する花

全体像

●**黄疸、肝炎、肝臓病に**――葉か実を煎じて飲みます。果実を黒焼きにしてから煎服する方法もあります。［肝臓病］苗を煎じて、その汁を飲みます。

●**鼻血、血尿、吐血、出血を伴う炎症、子宮出血に**――果実を煎じて服用するか、熟した果実を黒焼きにして煎服します。生の果実の粉末を水や酢でねって湿布します。

●**打撲傷、打身、捻挫に**――乾燥した果実を粉末にしたものに小麦粉を3分の1程度混ぜ、水で耳たぶくらいの固さに練り、布にのばして患部にあて湿布します。乾いたらとりかえます。酢を少量加えて練るとさらに効果的。または果実を煎じ患部に塗ります。

○**不眠症、神経疲労、胸痛、イライラ、高熱で落ち着きがないとき、興奮、うつ病に**――果実を煎じて服用します。

○**痛みに**――［腰痛］果実5、6個を粉末にしたものに、卵白1個と小麦粉をまぜたものを塗ります。酢を加えるとさらに効果的。または果実を煎じて服用します。［頭痛］果実を煎じて、服用します。果実を黒焼きにしてから煎服する方法もあります。

○**胃痛、口内炎、胃潰瘍に**――果実を煎じて服用します。

○**皮膚病に**――［切り傷、血止め］果実を黒焼きにし、傷口につけます。または熟した果実を黒焼きにして煎服します。［やけど］果実の煎じ汁で患部を洗います。または、果実を黒焼きにして煎服します。

○**神経痛、リュウマチに**――果実を煎じて服用します。

○**めまいに**――果実の黒焼きを煎服するか、黒焼きの粉末を小さじ1杯単位で飲みます。または、果実をそのまま煎じて服用します。

○**発熱に**――果実をそのままか、黒焼きにして煎服します。

○**結膜炎、目の充血に**――果実をそのままか、黒焼きにして煎服します。

○**排尿痛、小便の出が悪いとき、淋病に**――果実をそのままか、黒焼きにして煎服します。

○**熱病による心煩、熱病系の病気に**――果実を煎じて服用します。

※黒焼きの方法――実をホイルに包んで、中までまっ黒になるまで蒸し焼きにします。

※胃腸の冷えや下痢、食欲不振のある人は避けましょう。

わりと
親しみやすい薬草

クミスクチン

和名漢字名：猫鬚草

野良猫の多い我が家。マレー語で猫のひげを意味するクミスクチンを見るたびにドキッとするので、長い雄しべは「チョウの触角」と思うことにしました。沖縄には自生していませんが、いったん導入されたあと、上品な外見には似つかわしくない、持ち前の雑草的強さで野生化したようです。クミスクチン茶はカフェでも出されるほどよく知られています。

主な効能 腎臓病、膀胱炎、リュウマチ、関節炎

作用 体内の余分な熱や水分を取り除くことにより効果を発揮します。

●腎臓病、膀胱炎、むくみ、糖尿病、高血圧、痛風、胆嚢炎に――全草を煎じて服用します。血糖の濃度を下げる働きがあるといわれています。

●リュウマチ、関節炎、神経痛に――葉または全草を煎じて服用します。

【その他の沖縄民間療法】

○のぼせに――葉を煎じて飲みます。

※オランダ、フランスでは膀胱疾患の有効な治療法とされており、オランダでは薬局方にも収載されています。

※日本では分布がなく、漢方薬としても扱われていませんが、インド、マレーシア、インドネシアなどでは重要な民間薬とされているそうです。

data

学名：*Orthosiphon aristatus* (BL.) Mig.
または *Orthosiphon spiralis* Merr.
科名：シソ科オルトシフォン属
方言名：クミスクチン
別名：ネコノヒゲ
薬用部分：全草

特徴

草丈25～60㎝。茎に向かい合ってつく葉は3～10㎝の葉は卵形から長卵形で、先は丸いものととがったものがあり、ふちには粗いギザギザがあります。茎の先に長く集まって咲く唇形の白い花には、白くて長い雄しべがゆるいカーブをなして優雅に飛び出しています。

生育・採取場所

インド南部、アッサム地方、インドネシア、マレー半島に自生分布。本土では馴染みが薄いですが、沖縄では庭などでよく栽培されます。

わりと
親しみやすい薬草

ゲッキツ

和名漢字名：月橘、生薬名：九里香（きゅうりこう）、英語名：satinwood、orange jasmine、silk jasmine

昔から生け垣として植えられてきたゲッキツ。花が月夜によく香るため月橘（げっきつ）と呼ばれるとか、花がたくさん咲く年には台風が来るなど、霊的な力を漂わせる植物です。チャームポイントの白い花を探してみると、いかに私たちがたくさんのゲッキツに囲まれているかがわかります。ミニチュアうちわの行列のような葉にいつしか愛着が。体を温め、気や血のめぐりを良くする珍しい作用を持つ植物としても、生垣候補ナンバー1です。

主な効能 皮膚病

作用 体を温め、気や血のめぐりをよくしたり、体内の余分な水分を取り除くことによって効果を発揮します。

data

学名：*Murraya panicualta* Jack.
分類：ミカン科ゲッキツ属
方言名：ギキジ、ギキジャー　ギンギチ
別名：イヌツゲ、九里香
薬用部分：茎、葉

ミニチュアうちわの行列のような葉

赤く熟した実

小花は甘いミカンの香り

特徴

高さ3～8メートルの低木で、道に向かって飛び出すように生えています。長さ1.5～5㎝のつやのある小さな楕円形の葉を3～9枚、羽状にたくさんつけます。白い小花はミカン科独特の甘い香りがし、花のあとに10～12㎜の小さな緑色の実をつけ、次第に黄色、赤色と熟していきます。

生育・採取場所

奄美大島以南の南西諸島、沖縄諸島、沖縄から東南アジアの熱帯を中心に分布する常緑小高木。身近な山野、岩石地帯、道路わき、海岸沿いに自生しますが、生垣としてもよく見かけます。葉が小さく目立たない植物ですが、林に近寄ると、他の木々の間にぎっしりと生えています。

●**皮膚病に**――［湿疹］煎じた液で患部を洗うようにして塗ります。［たむし］葉でこすります。［水虫］葉を煎じて飲みます。または葉を入れて入浴します。［おでき、腫れもの痛み止め、かゆみ］茎葉を煎じて服用します。葉を煎じてその汁で入浴します。［痛み］アルコールに漬けて患部に塗ります。

○**下痢止め、腸炎、盲腸炎、胃腸疾患に**――茎葉を煎じ、服用します。

○**月経不順に**――茎葉を煎じて服用します。

わりと
親しみやすい薬草

ショウガ

和名漢字名：生姜、生薬名：生姜（局）しょうきょう：水分を含む生のもの（日、中）、生の生姜を乾燥させたもの（日）、乾生姜（かんしょうきょう：生の生姜をそのまま乾燥させたもの（日）、中国にはない）、乾姜（かんきょう：生姜を蒸して乾燥させたもの（日）、生姜をそのまま乾燥させたもの（中））

おばあちゃんの知恵から数ある薬草療法まで、地域時代を問わず最も珍重されている薬草の一つであり、かつ身近な食材でもあるショウガ。私自身も何度ショウガに助けられたか知れません。生のショウガはそのままでは日持ちがしないので、できれば土の中にストックを蓄えておきたいもの。沖縄では、スーパーで買った切れはしを庭に埋めて放っておくだけで、新鮮でひとまわり大きなショウガに生まれ変わります。夢のような話です。

主な効能

生　姜ー悪寒、発熱、鼻水、鼻づまり、吐き気、咳、肩こりなどの血行障害

乾生姜ー冷えによる胃腸の不調、手足の冷え、咳、痰

作用

体を温め、血行を促進し、体内の余分な水分を取り除くことにより効果を発揮します。

data

学名：*Zingiber officinale* Rosc.
分類：ショウガ科ショウガ属
方言名：ソーガー、ションガ（八重山）
別名：ハジカミ 薬用部位：根茎

特徴

草丈30〜50㎝。10㎝前後の線状の先のとがった葉は茎の上部に交互についています。根茎は多肉質で白く、地中で横に広がり、節ごとに茎を地上に伸ばします。

生育・採取場所

熱帯アジアの原産の多年草。日本には 2600 年以上前の弥生時代頃に渡来したと推定され、日本全国各地で古くから食用、薬用に畑地や庭先で栽培されています。日本では温室で栽培しない限り、一般的に花は咲きません。

〈ショウガ（生姜）＝水分を含む生のショウガ〉

●悪寒発熱、白や透明の鼻水、鼻詰まり、風邪やインフルエンザの初期、足の冷え、体の痛みに――煎じて服用したり、お湯にすりおろし汁を加えて飲んだり、生のまま食べたり、ショウガ酒にして飲みます。沖縄では伝統的に、ショウガ、黒糖、ミカンの皮少々を入れて煎じ、服用されてきました。ほかにも、すりおろしにレモンとハチミツとお湯を加えて飲む方法やショウガ湯などがあります。その他、ショウガ風呂として利用します。

●吐気、嘔吐、食欲低下や胃のむかつき、下痢、ガス、抗癌剤による吐気、乗り物酔いに――生のまま食べるか、すりおろしにお湯をそそいだり、煎じて服用します。黒糖やミカンの皮少々を加えてもいいです。胃の冷えによる嘔吐に効果あり。［抗癌剤による吐気］ショウガ酒を飲みます。

●咳、のどに――［咳、痰、頭痛、鼻づまり］おろしショウガに黒砂糖やハチミツを加え、お湯を注いで飲みます。ショウガだけで飲んでもいいです。肺を温めます。白色で希薄な痰や鼻水に有効。［咳］黒砂糖をいっしょに煮て食べます。［のどの痛み、のどの出血］すりおろし、ガーゼで包んでお湯で温め、のどに湿布するか、煎じ汁やショウガ酒でうがいをします。または、おろしショウガに黒砂糖やハチミツを加え、お湯をそそいで飲みます。

●血行障害：肩こり、打身、関節痛、筋肉痛、腰痛、神経痛、リュウマチに――すりおろし汁をそのまま患部に塗ったり、すりおろしをガーゼに塗って患部に貼ったり、おろしショウガを小麦粉で練って湿布します、またはショウガ風呂に入ります。ショウガを食べるのもいいでしょう。

○腹痛に――すりおろした汁を飲みます。薄く切ってヘソの上にのせ、さらにヨモギをのせてお灸をします。5～6回繰り返すと汁が1滴ヘソの上に落ちて腹痛が治ります。

○解毒：魚やカニの中毒による嘔吐や下痢、毒虫や犬咬傷に――［魚カニ］ショウガ汁をそのままか、湯に混ぜて飲みます。［毒虫や犬咬傷］ショウガをつきくだき、汁を患部につけます。

【その他の沖縄民間療法】

○しらくもに――すりおろして患部に塗ります。

レシピ Recipe

●ショウガ湯
クズ粉小さじ2杯にショウガの絞り汁小さじ半分を入れ、好みで黒砂糖少々を加え、熱湯を注いで透き通ってきたら飲みます。

庭で収穫したばかり

セイロンベンケイ

中国名：落地生根

「使う前よりもきれいに」という表現がありますが、この草の場合は「刈る前よりも多く」で、葉から芽が出ることを知らずに刈った葉を放置しておいた人はびっくりします。名は武蔵坊弁慶に由来し、強さを表すそうです。一方、花はその形からトウロウソウ（灯籠草）やソーシチグサ（葬式草：葬式の時の野辺送りの道具に似ていることから）と呼ばれるとは、皮肉というか、意味ありげな話です。

主な効能 皮膚病

作用 体内の余分な熱や毒を取り除き、腫れを抑えることにより、効果を発揮します。

data

学名：*Kalanchoe pinnata* (L.) Pers.
(=*Bryophyllum pinnatum* (Lam.)Oken
分類：ベンケイソウ科リュウキュウベンケイ属
方言名：ソーシチグサ、ソウシチグサ、ショーキツ、ソーシチグサ（首里）、ショータツ（宮古）、ショーキツ（石垣）
別名：トウロウソウ（灯籠草）
薬用部分：葉、全草

特徴

高さ50～100の多年草多肉植物。茎は直立し、長さ3～10㎝の水分を含んで非常に肉厚な楕円形の薄緑色の葉を茎に向かい合ってつけます。葉は成長すると、3～5枚で1セットの複葉になります。葉のふちには浅いギザギザがあります。花は3～5㎝のちょうちん状でリンゴのような模様。

生育・採取場所

南アフリカ原産で熱帯地方に帰化している多肉性の多年草。沖縄各地で野生化しており、海岸沿いの道端や岩地、木陰に群生していることがあります。人家の庭先にも時折ぽつぽつと生えており、花壇や植木鉢の中に侵入して名脇役になっていることもよくあります。

肉厚の葉

ちょうちん型の花

●**皮膚病に**――［おでき］葉を火であぶり、患部に貼ります。［止血、切り傷、軽いやけど］葉をもんで汁を患部につけます。［毒虫、虫さされ］生葉をつきくだいてつけます。［腫れもの］葉をつきくだき、塩少量を加え、そのしぼり汁を患部につけます。腫れものの吸い出しには葉を火であぶってもみ、熱いうちに患部に貼ります。または、全草を煎じてのみます。［痔］葉を火で温めて、肛門に貼ります。止血作用による効果です。

○**関節が腫れて痛いときに**――葉をつきくだき、塩少量を加え、そのしぼり汁を患部につけます。または、全草を煎じて飲みます。

○**軽い打身やねんざに**――葉のしぼり汁を患部につけます。または、それに酢をまぜて湿布します。

○**喉咽が腫れて痛いときに**――葉の絞り汁でうがいします。

○**胃痛に**――葉のしぼり汁に食塩を少量加えて服用します。熱のたまった症状に効果あり。大量服用は危険なので避けましょう。

※生の葉がしぼりにくい場合は火で軽くあぶりましょう。表面に汁が染み出してきます。

【その他の沖縄民間療法】

○**熱さましに**――葉のしぼり汁を飲みます。または煎じて飲みます。

○**乳の病に**――葉を火であぶって乳にはります。

わりと 親しみやすい薬草

ソクズ

和名漢字名：蒴藋（さくてき）、生薬名：蒴藋（さくちょう：全草）

ヤブ化した我が家の庭に突如として現れたソクズ。方言名はハブグサーですが、そろそろハブが出るぞという神様からのお告げでしょうか。利尿作用には定評があり、「すぐに通じる（尿が出る）→即通ずる」ということでソクズと呼ばれるようになったそうです。見応えのある立派な体つきと可愛らしい小花にそそのかされてハブに即通じないよう気をつけましょう。

主な効能

腎臓病、リュウマチ、神経痛

data

学名：*Sambucus chinensis* Lindl.
分類：スイカズラ科ニワトコ属
方言名：ハブグサー、ハブヌマックヮ
別名：クサニワトコ
薬用部分：葉、根、全草

特徴

高さ1～2mの大型多年草。やや太い茎がまっすぐ伸び、一見木の苗に見えます。長さ5～15cmの長楕円形で先がとがり、浅いギザギザのある葉は5～9枚程度の奇数枚で1セットの複葉で、茎に向かい合ってつきます。茎の先に直径3～4mmの白い小花が多数集まって咲きます。花の間のところどころに黄色い筒形の腺体があります。地下茎によってどんどん増えます。

※ニワトコとソクズ――同じスイカズラ属の低木であるニワトコに葉の形が似ているため別名クサニワトコとも呼ばれますが、ソクズは多年草であり、ニワトコよりも高さが低く、また、ソクズに黄色い腺体があることから区別できます。

生育・採取場所

東北、本州、四国、九州、および中国に分布する多年草。山野、山野に近い空き地や道端などのやや湿った日陰地に自生します。

集まって咲く小花

湿った日陰に群生する

●**腎臓病、膀胱炎、膀胱結石、尿道炎に**――若芽や葉、根を煎じて服用します。重症の場合は10日から2週間続けて飲みます。

●**リュウマチ、神経痛、冷え症に**――全草を布袋に入れ煎じた汁を布袋ごと浴剤として入れると体が温まります。冷えからくる症状に効果あり。

○**むくみ、利尿に**――根皮、または全草を煎じて服用します。

○**打撲、ねんざに**――葉をすりつぶして小麦粉を加え、耳たぶぐらいのやわらかさに練り、ラップに伸ばして患部に貼ります。乾いたら取り換えます。または全草を煎じて服用します。

わりと 親しみやすい薬草

タカサブロウ

和名漢字名：高三郎、鱧腸（れいちょう）、生薬名：鱧腸（れいちょう：全草）、墨旱蓮（ぼくかんれん：全草）

本当の「高三郎さん」には申し訳ありませんが、人の名前のような和名がなぜか笑いを誘い、すぐさま覚えてもらえるラッキーな薬草です。さらに、薄毛、白髪に効くというと、人によってはしばらく気になってしょうがありませんが、話題のタカサブロウさんにいざ会いに行くと、水の染み出る道路と壁のはざまで、およそスポットライトとは無縁の様子で生えています。そのギャップがまた笑いを誘うのです。

主な効能 薄毛、早期白髪、歯のゆるみ、出血

作用 肝臓や腎臓を潤し、栄養を与え、体内の余分な熱を取り除くことによって効果を発揮します。

data

学名：*Eclipta prostrate* (L.).L.
(= *Eclipta alba* Hassk.)
分類：キク科タカサブロウ属

特徴

高さ約20～60㎝。それぞれの茎が斜めに伸び、全体的にこんもりとしています。長さ3～5㎝の長細く先のとがった葉が赤い茎に向かい合ってついています。葉と茎ともに短く白い毛でおおわれ、ざらざらしています。茎の先に咲く白い小花は直径1㎝弱。

生育・採取場所

畑のうねとうねの間の溝や道ばた、道路とブロック塀の間などで水気のあるところに多く生えています。

可愛らしい小花

毛で覆われた赤い茎

水気のあるところに多い

●**薄毛、早期白髪に――**［薄い髪、早期白髪］全草で薬酒を作り、頭皮に塗ります。グリセリンを加えるとしっとりタイプの整髪料になります。全草を煎じて服用するとさらに効果的です。

●**頭のふらつき、めまい、腰膝痛、ゆるんだ歯に――**全草を煎じて服用します。

●**鼻血、吐血、喀血、血尿、血便、不正性器出血、外傷出血などあらゆる出血、かゆみ止めに――**［共通］全草を煎じて服用します。［外傷出血］生の全草をつきくだいて患部に塗ります。［かゆみ止め］煎じ汁またはアルコールでチンキを患部に塗ります。

わりと 親しみやすい薬草

チガヤ

和名漢字名：茅、生薬名：（局）茅根（ぼうこん：根茎）、白茅根（はくぼうこん：根茎）

道端の空き地を埋め尽くす銀色の花穂たちに見とれて自転車を止めることもしばしば。昔のチガヤは特に茅ぶき屋根の材料としてずっと身近な存在でした。方言名のマカヤとは「真茅（真の茅）」という意味。屋根材や壁材としてだけでなく、大きな鍋のふたなど茅容器の材料としても活躍したそうです。

主な効能 腎炎、排尿困難、出血

作用 体内の余分な熱や水分を取り除くことにより、効果を発揮します。

data

学名：*Imperata cylindrica* Beauv. Var. major G. E. Hubbard et Vaughan ほか
分類：イネ科チガヤ属
方言名：マカヤ 、ガヤ、カヤ
別名：チ、チバナ、ツバナ、フシゲチガヤ
薬用部分：根、茎

特徴

高さ30〜80㎝の多年生草本。ススキによく似ており、長さ20〜50㎝の線形で先のとがった平べったく革質の葉が多数群がって生えています。直立した細い茎には毛が生えています。茎の先には、長さ10〜20㎝、幅1㎝の銀色になびく絹のような毛に包まれた小花が穂状に咲きます。根茎は白くて細長く、地下を横に這っています。

生育・採取場所

北海道から九州およびアジア、アフリカに分布。全国の日当たりのよい山地や空き地や道端に群をなして自生する多年草。山の方に向かって田舎道を走るとすぐに見つかります。

銀色の花穂

●**腎炎、排尿困難、排尿痛、膀胱炎、むくみに――**［共通］根や茎を煎じて飲みます。熱がたまり、咽喉が渇くなど水分の不足した状態に効果あり。胃を傷めず、水分を取り除き過ぎないので虚弱者向きの利尿薬です。［腎臓病］根とビワの葉をいっしょに煎じて飲みます。

●**出血：血尿、吐血、鼻血、子宮出血、月経不順、早産に――**［共通］根茎や全草を煎じて服用します。冷やして飲むといいという意見もあります。血に熱のたまった症状に効果あり。

○**すり傷、切傷などの出血に――**根や花穂の毛を直接患部につけます。

○**麻疹の発疹期や回復期の高熱、口の渇き、解熱に――**根または根茎を煎じて服用します。口の渇く熱のたまった症状に効果あり。

○**咳、喘息、百日咳、風邪、解熱に――**根茎を煎じて服用します。軽い咳に。

チドメグサ

和名漢字名：血止草、中国名：天胡荽（てんこずい）
生薬名：天胡荽（てんこずい：全草）

「血が止まるから」という理由で「チドメグサ」と呼ばれる分かりやすい草ですが、ツボクサと見分けがつきにくく、間違える人が後を絶ちません。けれども、久米島ではツボクサをチドメグサと呼び、血止めに使ってきましたし、血止めに関しては間違えてもいいということでしょうね。実際には、転んだときにそばで待ち構えているのはこのチドメグサのことが多いです。緑の絆創膏として子供に教えてあげましょう。

主な効能 止血

作用 体内の余分な熱や水分、毒を排除することにより、効果を発揮します。

data
学名：*Hydrocotyle sibthorpioides* Lam.
分類：セリ科チドメグサ属
方言名：ハイナーフサ（石垣）、メアッツ（宮古）
薬用部分：全草

特徴

地面を這い、芝生のように覆う常緑多年草。直径1〜2㎝の円形でつやがあり、浅く切れ込みのある葉は茎に交互につきます。茎は糸状で、節から根を出して横に広がっていきます。表面に毛の生えている「ケチドメ」を見かけることのほうが多いですが、沖縄本島では同様に「血止め草」として使われてきました。

生育・採取場所

北海道を除く東北〜沖縄各地、台湾、熱帯アジア、オーストラリア、アフリカに広くに自生。サトウキビ畑のすみや公園や庭の低木や背の高い草の根元、道端の物かげなど、比較的日差しの弱い所に多く見られます。居心地のいい花壇では主役になっていることも。

葉には浅く切れ込みがあり、つやつやと光る

花壇を見事にうめつくす

●**止血、歯茎の出血に**――（止血）葉茎をもんだ汁を患部につけます。（歯茎からの出血に）生の全草を砕いて酢につけ、口の中に5分間ほど含みます。これを1日数回行います。
○**腎結石、むくみ、利尿に**――全草を煎じて服用します。
○**風邪時の軽い発熱に**――全草を煎じて服用します。
○**喉頭炎、のどの腫れに**――全草の煎じ液、または青汁に食塩を少量加えてうがいします。

わりと

親しみやすい薬草

ツボクサ

和名漢字名：壺草、中国名：積雪草、生薬名：積雪草（せきせつそう：全草）、英名：Gotu Kola（ゴツ・コーラ）

和名や方言名はおちょこや馬のわらぐつに似た葉の形から来ているという楽しげな草で、沖縄をはじめ日本では主に外用薬として知られているツボクサ。実は、精神力を高める作用を持ち、インドのアーユルベーダで珍重されているという神秘的な一面もある奥の深い草です。

主な効能 皮膚病、発熱、痛み一般

作用 体内の余分な熱や水分、毒を取り除き、血のめぐりをよくすることによって効果を発揮します。

data

学名：*Centella asiatica* (L.) Urban
(=*Hydrocotyle asiatica* L.)

分類：セリ科

方言名：カガングヮーグサ カガングヮーグサ、ツブレーングサ

別名：クツクサ

薬用部分：葉、根、全草

特徴

地面を這うようにして広がる多年生草本。直径2～5㎝の葉は円形で色が比較的薄く、茎のつけ根の大きな切れ込みをはじめ、全体に浅いギザギザが入っています。チドメグサに葉の形が似ていますが、チドメグサよりも大きく、少々厚みがあり、それほどつやはありません。細長い茎の節ごとに根と長い茎を持つ葉をつけ、増えていきます。

生育・採取場所

朝鮮半島、台湾、中国および本州関東地方南部、新潟県以西、四国、九州、沖縄などに分布。木の下など穏やかな日差しの当たる場所に多く自生しています。他の草に混じって草原に生えている様子もよく見られます。

●**皮膚病に**――［腫れもの、やけど］葉を煎じて服用します。または生の葉をもんで出る汁を患部に塗ります。もんだ葉を貼ってもいいです。［傷、皮膚の出血、虫さされ、ただれ］生の葉をもんで出る汁を患部に塗ります。もんだ葉を貼ってもいいです。

●**発熱に**――［発熱、悪性の熱、三日はしか］葉を煎じて服用します。［はしか、咽喉痛、扁桃腺炎］根を煎じて服用します。

●**痛み一般に**――［打身の痛み］生の葉をもんで汁を出し、患部に貼ります。または青汁を飲みます。［胸、背、および腰部の外傷性疼痛］葉を煎じて服用します。［痛み一般］［腹痛］葉を煎じて服用します。根を煎じて服用します。

○**記憶力や集中力増強、精神不安、過剰思考、ストレスによる潰瘍、高血圧に**――葉を煎じて服用します。

○**神経系疾患一般：不眠症、ストレス、精神不安、神経系の強壮、育毛に**――根を煎じて服用します。

○**出血：鼻血、血尿、血便に**――葉を煎じ、服用します。

○**肝炎、黄疸に**――葉または根を煎じて服用します。

※アーユルベーダでは精神的穏やかさと明晰さを促進し、ヨガや瞑想訓練を補助するとして根を煎じて服用されます。

ツユクサ

和名漢字名：露草、生薬名：鴨跖草（おうせきそう：全草）

万葉集や枕草子の時代から花びらの青い汁が染料として使われてきたというツユクサ。汁を布につけるという意味の「着草（つきくさ）」が名の由来であるという説や、露を帯びる草という意味でツユクサになったという説があります。和の風情のあるツユクサの青は沖縄の道端を涼しげに彩ります。

主な効能

風邪による発熱、咽喉痛、皮膚病、むくみ、尿量減少

作用

体内の余分な熱や水分、毒を取り除くことによって効果を発揮します。

data

学名：*Commelina communis* L.
分類：ツユクサ科ツユクサ属
方言名：チバナー
別名：ツキクサ、ホタルグサ、アオバナ、ボウシバナ、カマッカ
薬用部分：全草、茎葉
食用部分：若葉

特徴

高さ20～40㎝。約5～7㎝の葉は先が針のようにとがった長卵形。葉に向かい合うように出た花柄に貝殻状に2つに折れた苞（ほう）がつき、そのなかに直径1cmくらいの薄い青紫色の花を咲かせます。

生育・採取場所

北海道から九州、沖縄および朝鮮半島、中国、サハリン、シベリア、アムール、ウスリー、コーカサスに分布する1年草。適度に日が当たり、やや湿っぽい山地や木陰、道ばたの塀のそばなどに自生しています。

道端に趣を添える

●**風邪による発熱、のどの痛みや扁桃腺炎、喘息、咳止めに**――［風邪による発熱］全草を煎じて服用します。咽喉の腫れや痛みがあるときに有効。［のどの痛みや扁桃腺炎］全草の煎じ液でうがいをします。または全草を煎じて服用します。［喘息、咳止め］全草を煎じて服用します。

●**皮膚病に**――［皮膚化膿症］全草を煎じて服用します。または新鮮な葉をすりつぶして患部に塗ります。［腫れもの］全草を煎服します。腫れものの痛みには茎葉の絞り汁を患部に塗ります。［虫さされ］葉をもんで出る汁を患部に塗ります。［湿疹、かぶれ］全草の煎じ液を冷ましてから冷湿布として使います。［毒蛇に咬まれたとき］花と葉を一緒にもんで出る汁を塗るとおくと痛みがとれると言われています。

●**むくみ、尿量減少、排尿痛、排尿困難、膀胱炎、腎臓病、脚気に**――全草を煎じて多めに服用します。熱感のある症状に効果あり。

○**下痢に**――全草を煎じて服用します。

○**心臓病に**――全草を煎じ、服用します。

○**黄疸性肝炎に**――全草を豚肉と煮て毎日食べます。

※かなり体を冷やすので、飲んで寒気を感じる場合は服用を控えましょう。または生姜を少し入れて煎じます。

レシピ Recipe

やわらかい若葉はサラダにするか、軽くゆでて、お浸しやあえ物、酢の物にします。

わりと 親しみやすい薬草

ツルムラサキ

和名漢字名、生薬名なし

スーパーでも売られている野菜であるツルムラサキ。けれども、かくれんぼのオニになったつもりで少し視点を変えて暮らしてみると、意外な場所に簡単に見つかるお茶目な野草でもあります。形の似たたくさんのつる植物のなかに肉厚の葉を探り当てたときの感慨はひとしおです。

主な効能 関節炎、風邪

data

学名：*Basella alba* L.
分類：ツルムラサキ科ツルムラサキ属
原産地：熱帯アジアといわれる。
別名：セイロンホウレンソウ、インディアンホウレンソウ
薬用部分：葉、茎、全草
食用部分：葉

特徴

つる性の多年草。長さ5～10㎝の肉厚の葉はハート形から卵形で先がとがり、茎に交互についています。葉や茎が緑色のものと赤味を帯びたものがありますが、性質に大きな違いはありません。葉と葉と間から花茎を出し、白い小花を穂状につけます。

生育・採取場所

アジアの熱帯地方原産。全国各地で、山地や空き地、畑、人家の庭、道端などで、他の植物や物にからみついて自生し、また、野菜として栽培もされているつる性植物。まずは庭の隅に生えていないか探してみましょう。裏庭のガスボンベを生育地としていることもあります。街路樹と同居していることも。

ビーズのような小花

ゲットウにからみつく

●**関節炎、神経痛に**――豚肉と一緒に葉を豚肉と一緒に煮て食べます。
●**風邪に**――［解熱］刻んだ茎葉60gに牛乳100mlを加え、ミキサーにかけて飲みます。［風邪のひきはじめ］葉を豚肉と一緒に煮て食べます。
○**黄疸、淋病、梅毒**―に―全草を煎じ、服用します。
○**打身、打撲、ねんざに**――茎葉をすりつぶしたもので患部を冷湿布すると腫れが引きます。
○**便秘に**――葉を食べます。

【その他の沖縄民間療法】
○**おでき**――葉をもんでおできに貼ります。頻度の高くない使い方。

レシピ Recipe

肉厚の葉は歯ごたえがあって珍味です。豚肉と煮て食べるほか、さっと湯通しして、独特のぬめりを生かしたお浸しや和え物はいかがでしょうか。

電線にもよじ登る

わりと

親しみやすい薬草

トウガラシ

和名漢字名：唐辛子、中国名：辣椒、番椒、生薬名：辣椒（らつしょう：成熟果）、番椒（ばんしょう：成熟果）

コーレーグスとして沖縄にしっかり根を下ろしているトウガラシ。南米でアメリカ先住民が活用していたのをコロンブスがお土産として持ち帰ったのがきっかけで世界中に広まったといわれます。沖縄では栽培も容易で野生化する勢い。刺激は強いですが、気をつけて使えば、幅広い症状に効果を発揮する頼りになる薬草です。外用薬としても近頃見直されてきています。

主な効能

腹痛、消化不良

（外用薬として）筋肉痛、神経痛、関節痛、冷え

作用

体内を温め、血のめぐりをよくすることによって効果を発揮します。

data

学名：*Capsicum annuum* L.
（= *Capsicum frutescens* L.）
分類：ナス科トウガラシ属
方言名：コーレーグス
別名：コウライコショウ、ナンバンコショウ、Red Pepper
薬用部分：熟した果実

特徴

高さ約60㎝の低木状草本。長さ3～7㎝の卵形から長楕円形の先のとがった厚みとつやのある葉が茎に交互についています。ふちは軽く波打っていることも。白い花の後に実る長さ5㎝前後の果実は細長くて先が鈍くとがったピーマンのようで、上を向いており、黄色からオレンジ、赤色へと熟します。果実には強い辛味があります。

生育・採取場所

南米アマゾン川流域原産で、熱帯、温帯地域で広く栽培されます。温帯地域では1年草ですが、熱帯地域では多年草。沖縄では基本的に栽培されますが、道端で野生化している様子も見られます。

肉厚の葉

●**腹痛、消化不良、食欲不振、吐気、ガス、胃潰瘍、魚の中毒に**――［共通］果実を泡盛などのアルコールに漬けたチンキ剤をコップ一杯に数滴たらして服用します。［腹痛］煎じ汁を飲みます。そうめんと炊いて食べます。［腹痛、魚の中毒］果実をつき砕き、熱湯をそそいで飲みます。

●**外用薬として**――［筋肉痛、神経痛、リュウマチ、関節痛、肩こり］煮汁を薄めてガーゼなどに含ませ、患部に貼ったり、ご飯や小麦粉に粉末を混ぜて練り、患部に貼ります。または、チンキ剤やオイルを患部に塗ります。［足先の冷え］靴の爪先や靴下の中に果実を1、2個入れます。［けいれん、歯痛、痛み］チンキ剤やオイルを患部に塗ります。［外部出血］粉を患部にふりかけます。［喉頭炎］粉を水に混ぜてうがいします。悪性や重症の場合はチンキ剤を服用します。

○**うつ病、活力不足に**――チンキ剤を小さじ4分の1ずつ服用します。

【その他の沖縄民間療法】

○**頭痛**――卵といっしょに油でいためて食べます。

※トウガラシに触れた手で目を触ると痛むので注意しましょう。

わりと 親しみやすい薬草

ニガウリ（ゴーヤー）

和名漢字名：蔓茘枝（つるれいし）、中国名：苦瓜、生薬名：苦瓜（くか：果実）、苦瓜子（くかし：種子）、苦瓜根（根）、苦瓜藤（茎）、苦瓜葉（葉）、苦瓜花（花）

中国から伝わって以来、沖縄の特産物となっており全国的にも人気です。グリーンカーテンとしても利用されます。昔は黄緑色や白色のゴーヤーもありましたが、今は濃緑色のゴーヤーがほとんど。中国では「消夏の佳菜」と呼ばれるように、暑さを吹き飛ばす作用があります。実は沖縄の夏に必須ですが、昔の沖縄では実だけでなく、葉も利用されました。夏は体の内側も外側もゴーヤーパワーで乗り切りましょう！

主な効能 あせも、熱性の胃腸病

作用 体内の余分な熱や毒を取り除くことにより、効果を発揮します。

data

学名：*Momordica charantia* L.
分類：ウリ科
方言：ゴーヤー（沖縄本島、首里）、ゴーラー（宮古）
別名：ツルレイシ、ニガゴイ、ニガゴイ
薬用部分：葉、果実
食用部分：果実

特徴

つる性で、支柱や棚に巻きついたり、地面を這って成長します。黄緑色～緑色の葉は大きく七つくらいに裂け、さらにそれぞれに粗い切れ込みが入っています。全体に丸い葉で、直径は15～20㎝。葉からも実と同じ苦い香りが漂います。10～30㎝の細長い実の表面には丸みを帯びたイボがあり、色は品種によって白、黄緑、濃緑とさまざま。

生育・採取場所

熱帯アジア原産のつる性の一年草。日本には江戸時代初期に渡来し、沖縄各地の畑地で広く栽培されています。

●**あせも（汗疹）、湿疹に**――葉のもみ汁をつけたり、葉を煎じて入浴します。あせもが出ているところを葉でこすります。または果実を食べます。

●**胃腸病、消化不良、胃腸虚弱、下痢に**――［共通］果実を料理に入れたり、生食します。またはすりおろしてしぼり、青汁を飲みます。［下痢］葉を煎じて食べます。

○**夏バテ、夏負けの発熱に**――果実を料理して食べたり、お茶として飲みます。

○**目が赤くなって痛むときに**――果実を料理して食べます。

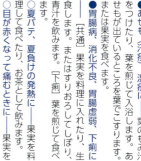

わりと
親しみやすい薬草

ニンニク

和名漢字名：大蒜（たいさん）
生薬名：大蒜（たいさん：鱗茎）、葫（こ：鱗茎）

健康を守る薬用植物としてショウガとともに広く親しまれているニンニク。けれども、沖縄で簡単に、しかも猫の額程度のスペースで簡単に栽培できる身近な存在であることを知らない人は多いかもしれません。

data

学名：*Allium sativum* L.(=*A.sativum* L. forma pekinense Makino)
分類：ユリ科ネギ属
方言名：フィル、ピン
別名：オオビル、ヒル
薬用部分：球根

レシピ Recipe

以下のように皮をむいてオイルやハチミツ、酒、味噌などに漬け込むと生のままでも臭気も和らいで食べやすく、保存も効きます。風味の移ったハチミツや味噌も調理に使えます。生のニンニクはまた、みじん切りにして冷凍保存もできます。

ニンニクオイルの作り方

刻んだニンニクを広口のビンに入れ、かぶるまでオリーブオイルを注ぎ、固くふたをし、毎日2、3回ふります。暖かい場所に3～4日置いたあとこして、涼しい場所に置きます。

ニンニクシロップの作り方

刻んだニンニクを広口の2リットルのビンに入れ、リンゴ酢と蒸留水を同量ずつ入れ、ひたひたにします。ふたをし、温かい場所に3～4日間おき、1日2、3回ふります。こして、1カップの蜂蜜を入れ、混ぜて涼しい場所に保管します。

ニンニク酒のつくりかた

粗く刻んだニンニクに泡盛（またはその他の蒸留酒）を倍量注ぎ、2週間以上漬けてこします。

ニンニク味噌のつくりかた

バラバラにして皮をはいだニンニクを味噌の中に漬けます。ふたをしっかりしめ、そのまま冷暗所に2、3カ月保存します。 食事のときに1、2粒食べます。同じ方法で醤油漬けもできます。

ニンニク蜂蜜漬けのつくりかた

バラバラにして皮をはいだニンニクを広口ビンに入れ、上からニンニクがかくれるまでハチミツを入れます。ふたをして冷暗所に6か月以上保存します。 食事のときに1、2粒食べます。

主な効能

寄生虫、細菌性下痢、咳、皮膚病、胃腸病

作用 体内の毒や余分な水分を取り除くほか、血のめぐりを良くすることにより、効果を発揮します。

●**寄生虫、中毒に**――［共通］生のニンニクを頻繁に食べるか、生の汁を服用します。直腸にオイルを塗ったニンニクを指し込んだり、ニンニクの煎じ汁で浣腸する方法もあります。［ぎょう虫］ニンニクをくだき、ゴマ油を少量混ぜ、睡眠前に肛門周囲に塗ります。［魚の中毒］生のニンニクを食べるか、生の汁やシロップを飲みます。

●**細菌性下痢、アメーバ赤痢、ブドウ球菌、連鎖球菌、腹痛に**――生のニンニクを頻繁に食べるか、煎じて服用します。［下痢］生で食べます。焼いて食べても。［腹痛］酒につけてから飲みます。

●**咳、気管支喘息、気管支炎、呼吸器系疾患、肺炎、咽喉痛に**――生の汁、またはニンニクシロップやニンニクオイルを飲みます。前菜として生のまま食事に取り入れる方法もあります。［肺結核の咳］1日3回食べます。［咳］生の汁、またはニンニク酒を盃1杯毎日飲みます。［気管支喘息］黒砂糖でつけた汁を飲みます。

●**皮膚病に**――［皮膚化膿症の初期］すりつぶして患部につけます。［腫れもの］薄く輪切りにして患部に貼り、その上からお灸をすえます。治るまで2、3日繰り返します。［虫さされ］患部に貼ります。［やけど］すりおろして酒と塩を入れて混ぜたもので患部を湿布するか、飲みます。またはニンニク酒にして飲みます。［たむし］すりつぶして患部に塗ります。［水虫］すりつぶした汁を患部に塗ります。［おでき］輪切りにして患部に貼ります。

●**胃腸病、消化不良、風邪の予防、食欲低下、疲労、体力低下、精力減退、胃弱、冷え症、げっぷに**――［共通］生のニンニクを食べるか、生の汁やシロップ、ニンニク酒を飲みます。黒砂糖漬けにしてもおいしいです。［げっぷ］ニンニク酒かニンニクを漬けた汁を少量飲みます。

○**血行不良、高血圧、高コルステロール、血管の詰まり、動脈硬化やガンの予防に**――生のニンニクを食べるか、生の汁やシロップを飲みます。

○**痔に**――ニンニクを焼いて肛門に入れます。

○**婦人陰部に**――［かゆみ］ニンニクをつきくだいて熱湯をそそぎ、その汁で患部を洗います。［膣炎、おりもの］ニンニクにオイルを塗って綿でくるみ、オリーブオイルに浸して膣に挿し込みます。

○**腰痛に**――［共通］生のニンニクを食べるか、生の汁やシロップ、ニンニク酒を飲みます。

○**風邪の熱、熱に**――［共通］生のニンニクを食べるか、生の汁やニンニク酒を服用します。［熱さまし］生をすりおろして体にぬったり、またはニンニク酒を作って飲んだり、体に塗ります。

○**耳痛に**――綿に生の汁、またはニンニクオイルを2、3滴含ませ、耳に差し込みます。または、生のまま前菜に取り入れたり、生の汁を飲みます。

○**破傷風に**――生のニンニクをつきくだいて、酒適量、塩少量を加え、その汁を盃1杯分飲み、発汗させます。病院に行く前の応急処置に。

○**神経性けいれん、心臓発作、卒中、麻痺に**――1粒をつぶして熱いミルクに混ぜ、飲みます。

○**不眠、神経系疾患、心臓の虚弱に**――［不眠］ニンニク酒盃半量をお湯で割って就寝前に飲みます。［神経系疾患、心臓の虚弱］生のニンニクを食べるか、生の汁やシロップを飲みます。

【その他の沖縄民間療法】

○**神経痛に**――お灸の後にニンニクと酢と卵黄と小麦粉で練り合わせたものを患部に塗ります。

※揮発性オイルに有効成分が含まれているので、特に急性症状には生で使いましょう。

※妊娠中はとり過ぎないように。また、皮膚や体内に炎症があるときや熱がたまっているときは使用を控えましょう。生のニンニクが皮膚に長期間触れ続けると炎症熱感、水泡を生じやすくなります。過剰摂取は胃を傷めますので注意。

※沖縄県では昔、コレラ流行の際、ニンニクを泡盛に漬けたものを予防薬にしていたそうです。

※紫の皮のガーリックは寄生虫に対する作用が強いといわれています。

特徴

草丈60～70㎝の多年草球根植物。地上部はネギやタマネギによく似ています。細長い線状の肉厚で白味がかったやわらかい葉が包みこむようにして根から直接生え、下部は茎のように見えます。茎の先に白紫色の花を散りばめたような花が咲きます。鱗茎は5～6個のさらに小さな鱗茎がからなります。

生育・採取場所

中央アジアから西アジア、地中海原産といわれ、日本へは古い時代に中国を経て渡来し、薬用として日本全国各地で栽培されています。

畑で収穫したばかり

わりと 親しみやすい薬草

ハイビスカス（アカバナー・ブッソウゲ）

和名漢字名：扶桑茶、生薬名：扶桑（ふそう：葉と花）、扶桑根（ふそうこん：根）

沖縄で古くから栽培され、沖縄を代表する花の一つ。夏場の熱を体内から取り除く高温多湿地域らしい植物であり、東南アジア各地でも利用されています。華やかな花を味わうのは身近な贅沢。どんどん活用しましょう。

主な効能 眼の腫れや痛み、咳、腫れもの

作用 体内の余分な熱や水分、毒を取り除くことによって効果を発揮します。

data

学名：*Hibiscus rosa—sinensis* L.
分類：アオイ科フヨウ属
方言名：アカバナー、グソーバナー、ブッソウゲ
別名：ブッソウゲ、リュウキュウムクゲ、Chinese Hibiscus（英）
薬用部分：花、葉
食用部分：花、

笑ってウィード

A「ハイビスカスの花をもっと活用しろって？よっしゃ、では。……チーン！」
B「どうして花びらで鼻かむの？」
A「アカバナーだからよ。」
B「それを言うならアオバナーでしょ？」
A「……ティッシュにも似てるしさ（苦しまぎれ）。」

特徴

高さ1～5mの常緑低木。直立した幹から盛んに枝分かれし、横に広がっていきます。長さ5～10㎝で先のとがった卵形の葉はつやがあり、茎に交互につきます。新しい枝の葉と葉の間に茎を伸ばし、その先に直径5～10㎝の大きな赤い花を毎日のように咲かせます。

生育・採取場所

おそらく東インド、中国原産といわれる常緑小低木。公園や庭園に観賞用として広く栽培されています。生け垣としての利用も多いです。

ハイビスカスのおだんご

ハイビスカスティー

●**眼の腫れや痛み、洗眼薬に**——花に熱湯を注ぎ、その汁で眼を洗います。
●**咳、喘息、風邪のひき始めの熱に**——花や葉を煎じて服用します。
●**腫れもの、できもの、耳下の腫れに**——葉と花を細かく刻んでアルコールにつけ、4週間後以降にこして患部に塗ります。または、生の葉や花を突き砕いた汁を患部に塗ります。
○**夏のお茶に**—花を煎じて服用します。暑さを取り除いてくれます。

※薬効的には、Hibiscus rosa—sinensis L.（または *Hibiscus rosa—sinensis*）に分類される赤いハイビスカスであれば、同様に使えます。

わりと
親しみやすい薬草

ヘクソカズラ

和名漢字名：屁糞蔓、中国名：鶏屎藤、生薬名：鶏屎藤果（けいしとうか：果実）、鶏屎藤（全草、けいしとう：根）

クソカズラは万葉のころの呼び名。不幸にもなぜか、その上にさらに屁（へ）をつけられて最高の悪臭を漂わせる名になったそう。細胞内からガスを出し虫を追い払っているそうですが、「もっと臭い草はあるのに！」とブツブツ言うヘクソカズラの声が聞こえそうです。花は美しく、中央部がお灸のあとに見えるので「ヤイト（灸）バナ」とも。強くて柔軟なつるは昔たきぎを束ねる紐に使われ、そうした触れ合いをとおして薬効が発見されたといわれてます。

主な効能 しもやけ、血行不良、胃腸の不調

作用 血のめぐりを良くし、体内の余分な水分や毒を取り除くことにより効果を発揮します。

名前の割に可愛らしい花

球形の果実

●しもやけ、あかぎれ、ひび、血行不良に――
熟した実をつぶしてアルコールに漬け、蒸留水で3倍に薄めてグリセリンを混ぜ、患部に塗ります。熟した実を水と一緒にビンの中に入れ、腐ってどろどろになったものをこし、残った液を患部につけます。熟した実を指で押しつぶすと出る黄色い汁を市販のハンドクリーム5、果実汁1の割合で混ぜ合わせ、患部に厚めに塗り、ガーゼを当てて包帯しておきます。1日2回くらい取りかえます。全草を濃く煎じて洗面器に入れ、手がつけられるくらいの温度になったら、患部を10～20分浸します。これを2、3日続けます。

●下痢に――［下痢］根または根茎を煎じて服用します。［胃腸のけいれん性の痛み］全草および根を砕き、酒に一週間浸漬して服用します。

○腎臓病、脚気に――全草または根茎を煎じて服用します。

【その他の沖縄民間療法】

○神経痛に――果実を粉にして酢につけて混ぜ、患部に塗ります。

※手でつぶすと黄色の汁が出るようになった果実を採集します。

data

学名：*Paederia scandens* (Lour.) Merr. (=*P. chinensis* Hance)
分類：アカネ科ヘクソカズラ属
方言名：クサカンダ、ピヒシカザ、オーカチラ、
別名：ソウトメバナ、ヤイトバナ
薬用部分：果実、根、茎、葉
食用部分：若葉、果実

特徴

他のものにからみつきながら増える、つる性の多年草。長さ3～5㎝の葉は長めのハート形や卵形で、先は軽くとがり、茎に向かい合ってつきます。葉やつるをもむとわずかに悪臭がありますが、さほどでもないと個人的には思います。葉と葉の間に咲く1～2センチの小花は筒状で、先端が外に曲がって浅く5つに分かれ、外は灰色がかった白色、内側は紅紫色で毛が多く生え、可愛いいです。直径5㎜～1㎝の実は球形で熟すと黄褐色になります。

生育・採取場所

朝鮮半島、中国、台湾、フィリピンおよび北海道から沖縄の全国各地に分布する多年生のつる草。日当たりのいい山野や道ばた、荒れ地、藪、林の縁、人家の庭などで、垣根や木、ガードレール、雨どいなどにからみつきながら自生。葉だけのときは見分けにくいので、花の時期に探して場所を覚えておきます。二階の窓辺で発見することもあります。

ハマゴウ

和名漢字名：蔓荊（まんけい）、生薬名：蔓荊子（まんけいし：種子）蔓荊葉（まんけいよう：茎葉）、英名：Vitex または Chaste tree berry（種子）

葉と花の心安らぐ優しい色合い、そしてさわやかな香りが海へ行くのを楽しみにさせてくれるハマゴウ。けれども、まさか「浜へGO!」が和名の語源というわけではなく、浜を這う姿を古くは「はまはひ」と呼び、それが「はまほう」→「はまごう」へと変わっていったとか。黒い種子は西洋では特に大切にされているハーブの一つであり、古代ギリシャやローマ時代にさかのぼる歴史があります。

黒い種子をおもに使う

data

学名：*Vitex rotundifolia* L. fil.
分類：クマツヅラ科ハマゴウ属
方言名：ホーガーギー（首里）、ホーギー（久米）、ガザンムギ（宮古）、ンダバ（与那国）、ホーゲーラー
別名：ハマツバキ、ハマボウ、ハマホウ、ハウ、ハマシキミ
薬用部位：種子、茎葉

特徴

高さ30～60㎝の落葉低木ですが、あまり木には見えず、地面を這っている印象が強いです。茎に向き合ってつく、長さ3～5㎝の楕円形か卵形の葉は、先が丸いか軽くとがっており、やや内側に丸まっています。葉の表面も白っぽいパステル系のグリーンですが、裏側には細い毛が密生し、さらに白く見えます。枝先に可愛らしい青紫色の唇形の小花を円錐状に咲かせたあと、直径5～7㎜の球形の黒い種子をつけます。植物全体に強い香りがあります。

生育・採取場所

台湾、中国、朝鮮半島、東南アジアおよび東北～沖縄の温暖な地域の海岸砂地の壁沿いや空き地、道端に固まって自生していることが多いです。

主な効能

風邪による頭痛や発熱、めまい、目の腫痛、婦人病、神経痛、リュウマチ

作用 風邪や多湿などの外部からの影響による発熱や水分の蓄積を取り除くことによって効果を発揮します。体内の気のめぐりを良くする働きにも優れています。

●風邪による発熱や頭痛、偏頭痛、歯茎の腫脹に――種子を煎じて服用します。または種子の薬酒を飲みます。

●めまい、のぼせ、目の充血や腫れ、目の痛み、涙が多いときに――種子を煎じて服用します。風邪の熱などによる一時的な症状に効果あり。

●婦人病：月経不順、経血過剰、生理痛、乳房の脹満や過敏、胸の小さな塊、イライラやうつ病などの月経前症候群、過剰性欲、子宮筋腫、子宮嚢胞、不妊症に――種子を煎じて服用します。「子宮筋腫、子宮嚢胞」アルコールチンキ剤を服用します。「不妊症」種子を煎じて何ヵ月も飲み続けます。

※月経前や月経中の精神安定を維持する単一使用のハーブとして筆頭に挙げられます。

●神経痛、リュウマチ、関節痛、手足のしびれや麻痺や虚弱、筋・骨のひきつり、肩こり、腰痛に――種子と茎葉を布袋に詰めて煮だし、入浴剤にします。種子がないときは茎葉だけでもいいです。または、種子を煎じて服用したり、実の薬酒を飲みます。民間では入浴剤としてよく使われてきました。多湿による症状に効果あり。

○皮膚病に――「皮膚病一般」種子と茎葉を布袋に詰めて煮だし、入浴剤にします。沸騰させた水に生葉を入れ、その汁で患部を洗います。「ニキビ」種子を煎じて服用します。「たむし」葉を黒砂糖とつき砕き、患部につけます。

○鼻づまり、アレルギー鼻炎、中耳炎、耳だれに――種子を煎じ、服用します。または種子の薬酒を飲みます。

※近似種――葉が3枚の小葉からなるミツバハマゴウがあり、使い方は同じです。

※下垂体刺激作用と卵巣から分泌される黄体ホルモン増加作用があることが特徴。避妊ピル使用後の「自然なバランス」を取り戻したり、避妊用ピルやその他のホルモン系療法の効果を中和して和らげる可能性があります。※妊娠三カ月以後に飲むと母乳の出る時期が早まる可能性がありますので注意しましょう。

※英名ではチェイストトリーベリー（Chaste tree berry）と呼ばれ、ルネッサンス絵画ではよく女性の貞節のシンボルとして使われました。その時代の修道女や尼は性欲を抑えるためにこのハーブを定期的に飲んでいたからだそうです。古代ギリシャやローマの女性聖職者も同じ目的でこのハーブを使っていたといわれています。

優しい薄紫色の花

道端で這いながら広がる

内側に丸まる葉

わりと 親しみやすい薬草

ビワ

和名漢字名：枇杷、生薬名：枇杷葉（びわよう：葉）、枇杷仁（びわにん：種子）、英名：Loquat、Japanese Medlar

三千年も前のインドの仏典の中に、「優れた薬効を持ち、万病を治す植物」として登場。日本でも、奈良時代には光明皇后が作った「施薬院」でビワの葉療法が行われて以来、国のお寺にビワの木が植えられてきました。果実には薬効があまりないのに葉には暑さを振り切る力があると江戸川柳でも詠まれ、当時枇杷葉湯（びわようとう）が人気を集めたそう。ビワを玄関先に植えると薬効のある葉を求めて病人が集まるといいますが、それだけビワが効くということ。台風のたびにやられてしまうビワですが、ぜひ、懲りずに何度でも玄関先に植えて家族を守りましょう。

data

学名：*Eriobotrya japonica* (Thunb.) Lindl.
分類：バラ科ビワ属
方言名：ビワ
薬用部分：葉（葉裏の毛を除く）、果実、種子
食用部分：果実

硬くて分厚い葉

甘酸っぱい果実

特徴

高さ10mになる常緑中高木。長さ20〜30㎝の茎に交互につく細長い楕円形の葉は厚くて硬くごわごわとしており、表面は濃い緑色でつやがありますが、裏面は白色から薄い茶色の細かい毛でもじゃもじゃと覆われています。やわらかい若葉は全体が白っぽく、表面にも毛が生えています。直径1㎝の白い小花が咲いたあと、薄いオレンジ色の直径5センチ前後の甘酸っぱい果実をつけます。

生育・採取場所

中国中南部原産といわれる常緑高木果樹。沖縄を含め、日本では関東以西の石灰岩地帯の暖地に生え、全国の庭園や畑で広く栽培されています。

主な効能

咳、嘔吐、胃腸病、利尿

作用 体内の余分な熱や水分を取り除くことにより、効果を発揮します。

●**咳、咽喉の乾燥感、呼吸困難、百日咳、痰切り、頻繁に出るしゃっくりに**——葉を煎じて服用します。または薬酒を作って飲みます。

●**嘔吐、口の渇き、胃腸病、消化不良、食欲不振、疲労回復、下痢に**——葉を煎じて服用します。または薬酒を作って飲みます。

●**利尿、腎臓病、膀胱炎むくみ、淋病、帯下、脚気に**——［共通］葉を煎じてお茶代わりに飲みます。［腎臓病］葉を煎じて飲んだり、葉にお湯をかけて飲みます。［膀胱炎］葉に黒砂糖を混ぜて煎じ、飲みます。［排尿困難］ビワ、バンジロウ、ツルグミの葉と氷砂糖を入れ、一緒に煎じて飲みます。

○**打身、ねんざ、痛みに**——ビワ酒を肩や腰、足など痛むところに塗ります。毛穴が開いているお風呂上りに塗るとよく浸透します。または、ビワ酒を脱脂綿に浸して患部を湿布します。葉を煎じて飲んでもいいです。

○**あせも、湿疹に**——葉を布袋に詰めて煎じるか、直接浴槽に入れて入浴します。または葉を煎じ、冷ました汁で患部を洗います。

○**暑気払いに**——葉を煎じて服用します。ビワ酒を飲んでもいいです。

【その他の沖縄民間療法】

○**肝臓病**——葉を煎じて服用します。

○**糖尿病**——葉と氷砂糖をまぜ、煎じて服用します。

○**のぼせ**——葉とナスの葉をいっしょに煎じて飲みます。

○**不眠症**——葉を煎じて飲みます。

※寒さによる症状には適していません。

※葉の表を上にし、やわらかい葉先がかかとにくるように靴の底に敷くと涼しいです。葉を帽子の内側に入れる方法もあります。

葉の裏は毛深い

ビワの種酒

若葉は表面も白く毛が生えている

レシピ Recipe

■ビワ葉酒の作り方

生葉を1センチ幅に刻み、泡盛などの蒸留酒に2週間以上漬けてこします。保存も効いて便利。飲んでも塗ってもいいですが、1日に盃2杯までにとどめましょう。

※種子を包丁で2、3つに切ってから乾燥、粉末にしてそのまま飲むと喘息やガンにいいと言われています。1日2個分が限度。そのままかんで飲んでもいいです。種子も薬酒にすることができます。

■ビワ種子酒の作り方

洗って水気を切り、種子3分の1、泡盛などの蒸留酒3分の2の割合で漬けます。葉よりも強いので、1日に盃8分目が限度。

■種子のハチミツ漬け（子ども用に）

生の種子3分の1、ハチミツ3分の2の割合でハチミツ漬けにしたあと、ミキサーにかけて使います。種子だけをミキサーにかけてからハチミツに漬け、2、3カ月おいてから食べてもいいです。

ヘチマ（ナーベーラー）

和名漢字名：糸瓜（しか）、生薬名：絲瓜（しか：果実）、茎汁（ヘチマ水）、絲瓜子（種子）、絲瓜絡（しからく：成熟果実を適度に腐敗させて得られる網状繊維束）、英名：Suakwa Towerground, Loofah

ゴーヤーと並ぶ沖縄夏野菜の定番。日本へは江戸時代に渡来。薩摩藩の農事指導書『成形図説』には豚肉と煮て食べるという記述があり、ジューシーで独特の歯ごたえのあるユニークな食材です。茎から出るヘチマ水は歴史ある定番自然化粧水。江戸時代、小石川御薬園では大奥のためにひと夏に18リットルのヘチマ水を採取しておさめていたそうです。

主な効能

皮膚病、皮膚のケア、咳、痰

作用 体内の余分な熱や水分、毒を取り除くことにより、効果を発揮します。

data

学名：*Luffa cylindrica* (L.) Roem. (=*L. aegyptica* Mill)
分類：ウリ科ヘチマ属
方言名：ナーベーラー
別名：イトウリ、トウリ
薬用部位：果実

特徴

つるの長さは10mを超え、巻きひげでからみつき、高くよじ登りますが、沖縄では台風による被害を避けるため、地を這わせることも多いようです。茎、葉ともにざらついています。黄色の大きな花を咲かせますが、花の寿命は一日。果実は細長いひょうたん型で、黄緑色から薄い深緑色。食用には開花後10日の若い緑色の果実を採取します。

レシピ Recipe

ンブシーは沖縄料理の定番ですが、固めにゆでて水分を切り、ナスのように使うと料理の幅が広がります。和風ドレッシングやオリーブオイルドレッシングでナムルにすると新鮮。つぼみ、若葉も汁の実、漬けものなどにして食べられます。

●**皮膚病：日焼け後のケア、日焼け止め、やけど、しらくも、しみ、そばかす、肌荒れ、化粧水に**――［共通］ヘチマ水を患部につけます。沸騰させて冷ましたヘチマ水100mlあたり小さじ1のハチミツかグリセリンを加えると化粧水として使えます。また、日本酒や泡盛をヘチマ水の半量程度加えて冷蔵保存するとさらに日持ちが良くなり、肌への吸収力もアップします。ヘチマ水には収斂効果がありにます。［やけど、しらくも］ヘチマ水を患部に塗ります。

●**咳、痰に**――［共通］ヘチマ水を半量に煮詰め、ハチミツで甘みを加え、食間に服用するか、果実の煮汁を飲みます。または、ヘチマ水でうがいをします。［咳］ヘチマ水を飲みます。

○**利尿薬、脚気などのむくみ、腎臓病、糖尿病に**――［共通］果実を食べたり、果実の煮汁を飲みます。または、ヘチマ水をそのまま服用したり、半量に煮詰め、ハチミツで甘みを加えて服用します。［腎臓病、糖尿病］味付けしないか、薄味で煮て食べます。

○**婦人病に**――［月経過多］種子を煎じて服用します。［婦人の腰痛］種子を炒って焦がしたあと、アルコールに漬けて服用します。

※ヘチマ水の作り方――夏、地上30～50㎝ほどのところで茎を切り、根元のほうを折り曲げてびんに挿し込み、綿などで栓をするか、ビニールをかぶせてひと晩おくと水がたまります。そのままでは腐りやすいので、長期保存する場合は一度煮立ててこし、冷蔵庫で保存します。

〈絲瓜絡（しからく：成熟果実を適度に腐敗させて得られる網状繊維束）の効能〉

○**胸脇部の疼痛、筋肉や関節の鈍痛、乳腺炎の腫脹疼痛に**――煎じて服用します。

※効力が緩やかなので補助薬として用いることが多いです。

わりと 親しみやすい薬草

ホウセンカ

和名漢字名：鳳仙、生薬名：鳳仙（ほうせん：全草）、鳳仙子（ほうせんし：種子）、急性子（きゅうせいし：種子）

沖縄民謡「てぃんさぐぬ花」では、女の子が昔、ホウセンカの花を使って爪を赤く染めていたことが歌われています。本土でも過去同じ風習があり、ツマクレナイという呼び名のもとになりました。「てぃんさぐの花」の歌詞には、「親の言うことは心に染めなさい」という教訓が込められていますが、この時代の親の教えには、きっとさまざまな薬草の使い方も含まれていたのでしょう。

主な効能
無月経、月経不順、皮膚病、痛み、小骨が咽喉に刺さったとき

作用
体を温め、血行を良くすることによって効果を発揮します。

data
学名：*Impatiens balsamina* L.
分類：ツリフネソウ科ツリフネソウ属
方言名：ティンサーグー、ティンザグー
別名：ツマクレナイ、ホネヌキ
薬用部分：種子、全草、花

特徴
草丈40～80㎝。太いのにすぐにポキッと折れそうな多肉質の弱弱しい茎と、長さ6～15㎝の細長い楕円形の葉のみずみずしい黄緑色が印象的。葉には浅いけれども鋭いギザギザがあります。葉と葉の間から花茎を出し、その先につく2～3個の可憐なピンクや白色の花はどことなくうつむいています。花のあとにできる、熟すとパカッと開いて黄褐色の種子を飛ばす楕円形の果実は子供の大好きなおもちゃです。

生育・採取場所
インド、マレー半島、中国南部原産で、世界各地で広く栽培される一年草。花壇からはみ出し、野生化している様子もよく見られます。

少しうつむいた花

●無月経、月経不順、月経痛、産後瘀阻の腹痛に――種子や全草、または花を煎じ、服用します。血行不良を原因とする症状に有効。

●皮膚病に――［水虫］全草を絞って出る汁を患部につけます。または、葉をついて患部に塗ります。［虫さされ］［しらくも］葉をもみ、その汁を患部につけます。［腫れもの］葉の汁を患部につけます。［毒虫］白花をつきくだいて患部につけます。

●痛みに――［頭痛］汁を体全体に塗ると髄膜炎（脳膜炎）の頭痛に効きます。［腰、脇、腹の引きつるような痛み、腹痛］花を煎じ、服用します。

●小骨が咽喉に刺さったときに――種子を粉末にして水で飲みます。

○気管支喘息、肺結核、咳、風邪に――［気管支喘息］肺結核、咳、煎じて飲みます。［風邪］全草を煎じて服用します。

○魚の中毒に――葉または種子を煎じて服用します。

※種子には少量の毒があるので、とり過ぎに注意しましょう。

※ホウセンカは草丈や花色、花びら数など園芸品種が豊富。熱帯アフリカ原産で同属のアフリカホウセンカの園芸品種はふつうインパチエンスと呼ばれます。

わりと

親しみやすい薬草

ボタンボウフウ（長命草、サクナ）

和名漢字名：牡丹防風

ニガナやヨモギと並んでよく知られた薬草です。ボタンボウフウという和名よりも長命草やサクナという名のほうがピンとくる人が多いでしょう。昔は野生のものを摘んできて山羊汁に加えたそうですが、セリ科独特のさわやかな味と解毒効果からも、なるほどと思います。ほかの薬草をしりぞけて「長命草」と呼ばれるに至った背後に、八重山の人々の熱い思いがあるようです。

主な効能

咳、風邪による熱、神経痛

data

学名：*Peucedanum japonicum* Thanb.
分類：セリ科カワラボウフウ属
方言名：サクナ（本島、久米）、ウプバーザフナ（宮古）チョーミーフサ（石垣）、チョーミーグサ
別名：長命草（ちょうめいそう）、サクナ
薬用部分：葉、根、全草
食用部分：やわらかい葉

特徴

草丈30㎝～1ｍの多年草。茎は直立してさかんに枝別れし、茎の先につく厚みのある白味がかった葉は、長さ3～6㎝の小葉3枚で1セット。それぞれの小葉はさらにクローバーのように3つに分かれるか、3つに深く裂けています。白い小花が円状に多数集まった花を咲かせます。全草に強い香りがあります。

生育・採取場所

海辺の岩石地、砂地などに自生する多年草。自家菜園や庭園で広く栽培もされています。

レシピ Recipe

新芽や柔らかい葉を刺身のつまにするとさっぱりといただけ、魚中毒の予防になります。そのほか、塩を加えた熱湯でゆで、野菜として和え物やおひたし、炒めものなどに。ピリッとした食感と高貴でさわやかな香りを生かし、少量をスパイスとして、魚肉料理やグリル、炒めもの、煮もの、スープなどに加えても。真っ緑のサクナ蒸しケーキをお店で見かけたことがあります。パンやお菓子全般に合いそうですね。

●咳、気管支喘息、百日咳、肺病に――［共通］全草を煮て食べます。［咳］全草と豚肉を煮て食べます。または根を煎じてお茶代わりに飲みます。［気管支喘息］全草を煎じて飲みます。または葉を肉と煮て食べます。［肺病］葉を肉と煮て食べます。

●風邪による熱に――全草を煮て食べます。または根を煎じて服用します。

●神経痛やリュウマチに――全草や根を煎じ、服用します。または葉をついて、その汁を飲みます。

○滋養強壮に――葉を牛肉、または他の材料と共に煮て食べます。または根を煎じて服用します。

○魚中毒の予防に――若い葉を刺身のつまにして食べます。

※江戸時代には根は人参（オタネニンジン *Panax ginseng* C.A. Mey. の根）の代用とされ、御赦免人参、牡丹人参などと呼ばれたり、防風 *Saposhnikovia divaricata* Schischk. の根）の代用とされ、五島防風、木防風、けずり防風などと呼ばれたりして重宝されました。

※漢方で言う「防風」ではイブキボウフウの根を用います。

密集して咲く小花

モモ

和名漢字名：桃、生薬名：（局）桃仁（とうにん：種子）、桃核仁（種子）、白桃花（開花間近のつぼみ）

卵のようにコロンと可愛らしい沖縄の桃の甘酸っぱい味には、甘さを強調したスーパーの桃にない良さがあります。薬効はどの桃もほぼ同じ。漢方では核を割って取り出された種子を主に鎮痛や消炎の目的で使いますが、沖縄の民間療法では主に葉を皮膚病に使っていたようです。沖縄では種を庭に投げておけば数か月で発芽するといわれ、栽培も簡単。おいしい果実と使える葉が手に入る夢のような木です。

主な効能 月経困難、皮膚病

作用 血や気のめぐりを良くすることにより、効果を発揮します。花には余分な水分を取り除く働きがあります。

data

学名：*Prunus persica* (L.) Batsch
科名：バラ科サクラ属
方言名：キームム、ムムキ
薬用部分：種子（仁）、花、つぼみ
食用部分：果実

特徴

高さ3〜5m。長さ5〜10㎝のやや幅の広い細長い葉は先がとがり、ふちには浅いギザギザがあります。葉は茎に交互につきます。サクラによく似たピンク色または白色の花を咲かせますが、サクラと比べて花の数はぐっと少なく、サイズはひとまわり大きく、花びらと花びらの間が空いているので区別できます。長さ4〜5㎝の卵形の果実の外側には毛が密集しており、中には大きな種子が入っています。

生育・採取場所

中国西北部黄河上流地帯の原産で、古く日本に渡来した落葉低木か小高木の果樹。庭園などに広く栽培されます。

甘酸っぱい果実

●**無月経、月経痛、月経不順に**——種子を煎じて服用します。血行不良が原因の症状に効果あり。

●**皮膚病に**——［あせも、湿疹］葉を煎じた液で1日数回患部を洗うか、入浴剤に使います。治っても4、5日続けましょう。［吹き出物、湿疹］モモの葉とヨモギを煎じて、その汁で浴びます。［慢性じんましん］若芽の葉をアルコールに浸したものを患部に塗ります。［おでき］葉に酢と小麦粉と卵白を混ぜてこね、患部につけます。その他、ただれ、かぶれ、にきびには葉の煎じ汁で洗います。

○**産後のおりものや出血、下腹痛、下腹の腫瘤（腫れもの）に**——種子を煎じて飲みます。

○**便秘に**——種子を煎じて服用します。種子に含まれる豊富な油分が腸に潤いを与えます。それほど作用は強くないので軽症の便秘に。

○**むくみに**——開花前の新しいつぼみ、または葉を煎じて服用します。

○**打身損傷に**——種子を煎じて服用します。

○**咳、呼吸困難に**——種子を煎じて服用します。気のめぐりをよくすることにより効果を発揮します。

※活血効果により流産の恐れがあるので妊婦は使用禁止。

サクラに似た花

わりと親しみやすい薬草

シークヮーサー（ヒラミレモン）

生薬名：陳皮（ちんぴ：熟した果皮）、橘核（きっかく：種子）、橘葉（きつよう：葉）、青皮（せいひ：成熟前の果皮）、いずれもミカン属植物に共通

「シー」は「酸」、「クヮーサー」は「食わせるもの」という意味。これは、硬い芭蕉布をシークヮーサーの果汁で洗浄し、柔らかくしたことに由来します。熟した果実をそのまま食べるほか、近年では青い果実をしぼってジュースにしたり、レモン代わりに料理に使ったりすることが多くなっています。我が家でもハチミツを混ぜた果汁は風邪のひき始めに欠かせませんが、果汁だけでなく、皮も種も葉も薬として使えます。沖縄全域で栽培できる一番身近なミカンを隅々まで堪能しましょう。

data

学名：*Citrus depressa*　Hayata
分類：ミカン科ミカン属
別名：ヒラミレモン（平実檸檬）
薬用部分：熟した果実の皮、種子、葉、成熟前の果皮
食用部分：果実

特徴

高さ2〜4mの常緑低木。やや厚みとツヤのある葉は茎に互生し、楕円形で長さ3〜6㎝。葉の縁は全縁かゆるやかなギザギザ。葉と葉の間に咲かせる白い小花はミカン科独特の甘い香りがし、葉や茎は果実と同じほろ苦く酸っぱい香りがします。果実は熟すると黄色に近いオレンジ色になり、直径約3㎝。

生育・採取場所

琉球列島および台湾に自生。家庭菜園や庭でよく栽培されます。

熟したシークワーサー

主な効能

〔熟した果皮〕消化不良、咳、〔種子〕寒さによる腹痛、睾丸の腫れや痛み、〔葉〕胸や脇の痛み、乳房の腫れ、乳腺炎や塊、〔成熟前の果皮〕胸の脇の張りと痛み、イライラ、乳房の腫れや乳腺炎、ヘルニア、腹痛

熟した果皮

●**消化不良、食欲不振、腹部のむくみや膨張、吐気、嘔吐、下痢、ゲップ、ガス、食欲不振、胃弱に**——果皮を煎じて服用します。胃のエネルギーの滞りや胃弱による症状に効果あり。

●**痰が多いとき、痰の多い咳、咳、気管支炎、気管支喘息に**——（共通）果皮を煎じて飲みます。果皮に黒砂糖とショウガを混ぜ煎じて飲むか、果皮とヨモギをしぼった汁を飲みます。

○**入浴剤に**——果皮をそのままか、煎じて風呂に入れて入浴します。体が温まり、オイル分で皮膚がしっとりとします。

※古いものほど効能が優れており、生の皮は作用が弱くなります。

※体を冷やす果肉を食べる時は少し皮も食べるといいといわれています。

種子

○**寒さによる腹痛、睾丸の腫れや痛みに**——種子を煎じて服用します。

○**腰痛に**——種子を煎じて服用します。寒さにより悪化する症状に効果あり。

葉

○**胸や脇の痛みに**——葉を煎じて服用します。気のめぐりの悪さによる症状に効果あり。

○**乳房の腫れや塊に**——葉を煎じて服用します。

成熟前の果皮

○**胸や脇の張りと痛み、憂鬱、いらいら、怒りっぽいなどの症状に**——青皮を煎じて服用します。

○**乳房の腫れ、乳腺炎や塊に**——青皮を煎じて服用します。

○**ヘルニアの腫れや痛みに**——青皮を煎じて服用します。寒さにより悪化する症状に。

○**食べすぎによる腹痛に**——青皮を煎じて服用します。

～沖縄で知られるほかのミカン科ミカン属ミカンも同様に薬用に使えます～

■**タンカン**

（学名：*Citrus tankan Hayata.*）：中国広東省北部が原産地といわれ、ポンカンとスイートオレンジの自然交配種であるタンナゴールの一種と考えられています。明治30年代に台湾から苗木が鹿児島に導入後、沖縄に伝えられ、産地化および品種開発が進められました。生産地は鹿児島、沖縄の２県で99％以上。

■**カーブチー**

（学名：*Citrus keraji var.kabuchii hort. ex Tanaka*）：沖縄県在来柑橘類。カーは「皮」、ブチーは「厚い」に由来しているらしく、果皮が厚いのが特徴。本島北部地域が主産地で、その周辺の露店や道の駅などで入手できます。在来種のなかでは代表的であり、過去の生産量は多かったようです。

■**オートー**

（学名：*Citrus oto hort. ex Y.tanaka*）、**タロガヨ**（学名：*Citrus Tarogago Hort. ex Y. Tanaka*）：沖縄県在来柑橘類。タロガヨは「タルガヤラ」（何かなぁ?の意）に由来すると言われています。カーブチーと比べて生産量は少ないようです。

■**クネンボ**（学名：*Citrus nobilis*）：インドシナ原産。中国南部から約300年前に沖縄に伝わり、沖縄を経て江戸時代に日本へ伝わったと考えられています。沖縄では現在はわずかに栽培されています。

ヤブガラシ

和名漢字名：薮枯、生薬名：鳥蘞苺（根茎、うれんぼ：根）

ものすごい繁殖力で何にでも巻き付き、ヤブまでも枯らしてしまうということでこの名がついたとか。ほかの木や作物を枯らし、実際に家が貧乏になったり、家全体がヤブガラシに覆われた状態はみすぼらしいのでビンボウカズラとも呼ばれるそう。絶滅危惧種に認定される心配はまったくなさそうですが、庭に植える人が皆無に近いためか、最近は確実に減っている様子。そろそろ敵意を感じない名前に変えてあげたいものです。

主な効能 乳房の腫れ、腫れもの、毒虫

作用 体内の余分な熱や水分、毒を取り除くことにより、効果を発揮します。

星座のように並んだ花

葉は５枚で１セット

●**乳腺炎、乳房の腫れに**――根をすりおろして貼ります。または、濃い目に煎じた液で冷湿布します。酢を混ぜてつける方法もあります。

●**腫れもの、虫さされ、毒虫、ハチやムカデの咬傷に**――生の根茎をつき砕いて、出てくる汁を患部に塗ります。または、茎葉をつき砕いた汁をつけます。

○**丹毒、黄疸、血尿、小便白濁に**――根ひとつかみにショウガ適量と酢少量を入れて煎じ、服用します。

○**関節痛**――［リュウマチ性関節痛］根を酒に漬け、その液を服用します。高湿により悪化するリュウマチ性関節痛に効果あり。［神経痛］根をすりおろし、小麦粉と卵の白身を加え、よく練って紙に広げ、患部に貼ります。

data

学名：*Cayratia japonica* (Thunb.) Gagn.
分類：ブドウ科ヤブガラシ属
方言名：イチファグサ（イチハグサ）
別名：ビンボウカズラ
薬用部分：根
食用部分：新芽、つるの先端

特徴

つる状の四角い茎をもち、長さ4～8㎝の葉は長楕円形で、ふちには浅くて丸味を帯びたギザギザがあり、１枚の大きな葉を手前に鳥の足のように並んだ5枚の小葉で1セットとなります。葉と葉の間に星座のように並んだ小さな花を多数つけますが、薄緑色の花びらはすぐに散ってしまい、ボタンのような中心のオレンジ色の部分（花盤）が目を引きます。茎が枯れても地中を這い続けるひも状の根が繁殖力の秘密です。

生育・採取場所

北海道南部から沖縄、および韓国の済州島、台湾、中国、インド、マレーシアに分布し、山野や山のすそ、ヤブ、道端や空き地などの半日陰に自生する多年生つる草。自生している場所は占領していることが多いので、見つけるのは割と簡単です。

わりと
親しみやすい薬草

リュウキュウヨモギ（ハママーチ）

和名漢字名、生薬名なし

薬草ブームを機に採り尽くされて、海岸を這う野生の姿は昨今見られなくなったといいますが、今でも大切にされている様子が近所の人や奥武島の人々の話から伺われます。「詳しいことはわからないけれど、肝臓病や腎臓病に効くよ。蒸して干したお茶を飲むんだよ」「そうそう。乾燥した土に植えて時々海水をやれば育つさ」おじさんゆんたくで話題にのぼるハママーチならぬ栽培マーチ。できれば海岸まで行進していきますように。

主な効能 黄疸、肝臓病、腎臓病

作用 体内の余分な熱や水分を取り除くことにより、効果を発揮します。特に黄疸によく効くことで知られています。

data

学名：*Artemisia campestris* L.
分類：キク科ヨモギ属
方言名：ハママーチ、インチングサ
薬用部分：全草
食用部分：葉茎

特徴

高さ20～70㎝の茎が木質の多年草。横に枝を伸ばして広がり、茎の上部をニュッと持ち上げています。長さ2～5㎝の線状の肉厚でやわらかい葉がひしめき合って枝についています。穂状に咲く薄茶色の地味な花を咲かせます。

生育・採取場所

久米島、慶良間島、奥武島などの海岸砂地を這う多年草。野生では見られなくなっています。

ヨモギの花に似ている

肉厚でやわらかい葉

●黄疸、疸石に――全草を煎じて服用します。
●腎臓病、むくみ、膀胱炎に――全草を煎じて飲みます。
○解熱、風邪に――全草を煎じて服用します。
○皮膚のかゆみ、湿疹に――全草を煎じ、その汁で患部を洗ったり、煎じて服用します。

レシピ Recipe

そのままサラダに加えてもおいしいです。ただ、個性的な味ですので、料理全体に混ぜ合わせる前に、まずはトッピングとしてハーブ感覚で使ってみるといいかもしれません。

苗のころ

ユキノシタ

和名漢字名：雪下、虎耳草（こじそう）、生薬名：虎耳草（こじそう：葉）

沖縄ではミミグサ、本土ではミミダレグサと方言で呼ばれるように各地で耳の薬として有名なユキノシタ。もともとは本土から沖縄に耳の薬として伝わったそう。中国では葉がトラの耳に似ているということで虎耳草と呼ばれますが、中身だけでなく姿形まで耳に縁のある植物です。我が家ではいかにして庭のユキノシタを絶やさないかが毎年の課題。なけなしのユキノシタをちぎるたびに、耳までひきちぎられる思いです。

主な効能

中耳炎、皮膚病、小児のひきつけ、風邪の熱、痔

作用

体内の余分な熱や毒を取り除くことにより、効果を発揮します。風熱を取り除く作用にも優れています。

毛で覆われた葉

天女の舞うような花の形

●**中耳炎、耳だれに**――生葉を揉んで出る青汁を含ませた脱脂綿を耳の中に詰めるか、青汁をそのまま1、2滴たらします。1日3～4回繰り返します。青汁にオリーブ油を混ぜ合わせ、患部に1～2滴さす方法もあります。

●**皮膚病に**――［湿疹、皮膚のかゆみ、かぶれ］生葉のしぼり汁を患部に塗ります。葉を火にかざし、柔らかくして患部に貼っておくと膿が出ます。または、葉を切り刻み、アルコールに1週間浸した液を患部に塗ります。［腫れもの］生の葉を火であぶり、柔らかくしたものを患部に貼ると自然に膿が出ます。または、青汁を1日盃1杯飲みます。［軽いやけど］生の葉をつき砕いて汁を出し、患部に塗る。または、生葉をかるく火であぶり、もんで柔らかくして患部に貼ります。［凍傷］生の葉を砕くか、葉をとろ火でやわらかくして貼りつけます。［漆かぶれ］葉を塩でもんで貼るか、葉の煎じ汁で湿布します。または生の葉をつきくだいて汁を出し、患部に塗ります。

●**小児のひきつけ、解熱に**――生の葉に食塩を少しふりかけてもみ、出た汁を口に含ませます。または葉を生で食べさせます。

●**風邪の初期の熱、はげしい咳に**――生の葉を煎じて服用します。生葉を塩でもみ、出た汁を飲みます。

●**痔の痛みに**――全草を煎じた汁に脱脂綿を浸し、患部を軽くなでるようにして洗います。または、煎じた後食塩を少量加え、その汁で坐浴します。

○**軽いむくみに**――葉を煎じて服用します。

data

学名：*Saxifraga stolonifera* Meerb.
分類：ユキノシタ科ユキノシタ属
方言名：ミミグサ（本島、首里）、ミンジャイグサ（本島、首里）、ミンダレーフサ（石垣）
別名：イワタケ、イワブキ
薬用部分：葉
食用部分：葉

特徴

地上を這うように横に広がる半常緑多年草。直径2～5㎝の厚みのあるそら豆に似た丸い葉にはふちにギザギザがあり、つけ根部分から血管のように白い模様が入っています。葉や茎は全体が毛で覆われています。ときおり、糸状の赤い茎を横に長く伸ばし、その先に根を出して、増えていきます。さらに、葉の間から20～50㎝の花茎をまっすぐ上に伸ばし、その先に白い小花を円錐状につけます。

生育・採取場所

本州、四国、九州および中国に分布する半常緑多年草。山中の湿った半陰地や岩場に自生して群落を作ります。沖縄では主に観賞用として庭園に栽培されます。

第二章　おきなわ野の薬草ガイド

覚えておくといい薬草

アメリカフウロ

和名漢字名：亜米利加風露、生薬名：野老鸛草（のろうかんそう）

姿も名前もあまり知られていない薬草ですが、春には畑の主役に躍り出る時期もあるアメリカフウロ。本土の三大薬草の一つゲンノショウコの兄弟と聞けば、さらに注目度アップです。

主な効能　下痢

作用　体内の余分な熱や水分を取り除き、血行を良くすることにより、効果を発揮します。

data

学名：*Geranium Carodinianum*
科名：フウロソウ科フウロソウ属
薬用部分：全草

特徴

高さ20～40㎝で全草細かい毛に覆われています。茎に向き合ってつく5㎝前後の大きく5～7つに裂けた葉は手のひら状で、一つ一つの指（葉）も深い裂け目を持ち、ギザギザしています。赤味を帯びた茎はいくつにも枝分かれし、斜めに伸びていきます。淡紅色の小花が咲いた後に先端が突起した約2㎝の実がつき、熟した実は熟するとはじけて5つの黒い種子を飛ばします。

生育・採取場所

北アメリカ原産の帰化植物で一年草。畑の隅や日当たりのよい空き地、道端のコンクリートのそば、人家の庭などによく生えています。草の少ない場所が日光を独占するのが好きなようです。

電信柱も大好き

淡紅色の小花

●下痢に――全草を煎じ、服用します。
●下痢に――濃い目に煎じて、熱いものを飲みます。熱のたまった症状、高湿により悪化する症状に有効。
○慢性腸炎に――全草を煎じ、服用します。
○月経不順に――全草を煎じ、服用します。
○整腸、健胃に――副作用のないことが特徴で、お茶として毎日飲めます。熱くても冷めていてもいいです。夏の弱った胃腸を丈夫にします。
○便秘に――さっと煎じた薄いお茶を冷まして飲みます。
○腫れもの、しもやけに――煎じて洗浄用や入浴剤にします。

※同じフウロソウ属にはほかにイブキフウロ *G.yesoense Franch.et Svat.*、ハクサンフウロ *var. Hakusanense* Makino、シコクフウロ（イヨフウロ）*G.shikokianum* Matsum. などがあり、アメリカフウロはこれらとともにゲンノショウコ *G.thunbergii Sieb.et.*Zucc と同様に使用され、時に混同されます。

※ゲンノショウコ（現の証拠）は江戸時代の始めごろから民間的に用いられるようになった薬草で、名前は痢病に即効的に効く（現に証拠が現れる）ことに由来します。

黒い種子

アロエベラ

和名漢字名：芦薈（ろかい）
英名：Aloe vera

沖縄ではキダチアロエの次によく見かけるのがこのアロエベラ。古代ギリシア以来の歴史を持つアロエベラは数百種に上るアロエのなかでも特に薬効が高く、西洋薬草界では化粧品用や薬用に使われています。

主な効能 便秘、皮膚病、寄生虫

作用 体内の余分な熱や毒を取り除き、肝臓や消化器系の機能を高めることにより効果を発揮します。

data

学名：*Aloe vera*　*Aloe ferox* Mill
分類：ユリ科アロエ属
薬用部分：葉の液汁
食用部分：皮をむいた葉

特徴

高さ60～100㎝。キダチアロエと違って茎がないか、とても短い茎しかない多肉植物。浅くて鋭いギザギザのある葉は厚く、白っぽい緑色。

生育・採取場所

南アフリカの小カルー、大カルー、ナタールからオレンジ自由州にかけて広く分布する多肉質の多年草。世界各地で観賞用、薬用に栽培されます。沖縄でも広く庭で栽培され、野生化していることも多いので、友人や近所の人にひと株分けてもらいましょう。

庭で子供たちを見守る

●**習慣性便秘に**——生の葉をすりおろした汁を1回あたり盃1杯服用します。頭のふらつき、目の充血、不眠、頭痛、めまい、耳鳴り、イライラなどの症状を伴う便秘に有効。

●**皮膚病：やけど、虫さされ、湿疹、腫れもの、かゆみ、傷、ヘルペス、ニキビに**——生の葉の汁を患部に塗ります。特にやけどに有効。

●**寄生虫などに**——［寄生虫］生のすりおろし汁を飲みます。［皮膚真菌］葉の汁を患部に塗ります。

○**胃弱、胃潰瘍、糖尿病、高コレステロール、消化不良に**——生の葉のすりおろし汁少々～盃2分の1を水に混ぜて1日3回飲みます。

○**目の充血、月経前症候群、めまい、頭痛、イライラ、シワに**——生のすりおろし汁を飲みます。肝臓の熱を取り除き、肝臓の機能を促進する効果によるものです。

※量が多いと胃を傷めやすいので、特にお腹の冷えやすい人（食欲不振、下痢気味）や妊婦は避けましょう。

※長期間の内服はカリウムを消費し、腎炎、大腸炎などを引き起こす可能性があります。

※胃弱には少量、便秘には多めを摂取するのが一般的。

※アーユルベーダでは、アロエをエストロゲンのようにみなし、女性の活力増強や強壮効果を持つものと考えられていたそうです。

インドヨメナ

和名漢字名、生薬名なし

あまり花を咲かせないので最初は見つけにくいですが、いったん認識したら、まわりに溢れかえっていることがわかります。苦味があるので、食用にする場合は塩ゆでにした後よく水にさらしてから料理します。ご飯に混ぜるヨメナご飯のほか、胡麻和え、白和えなど春菊のようにして使うと合うようです。

主な効能

神経痛、出血、熱、皮膚病

data

学名：*Kalimeris indica* Sch－Bip.
分類：キク科ヨメナ属
別名：コヨメナ
方言名：ヌヂク、ノヂク、ユミナ
薬用部分：葉、全草
食用部分：葉

特徴

高さ30～50㎝。花は淡青色。直径は2.5センチ程度の薄紫色の花びらを持つ菊のような小花を咲かせますが、満開ということはあまりなく、すでに花びらが落ちた状態のものが目立ちます。長さ7～10㎝の葉は長楕円形で、粗いギザギザがあり、茎に交互につきます。

生育・採取場所

四国、九州南部以南に分布。大きな木の下を囲むようにして、半径1～2メートルの円状に美しく群生しているフサフサした草をみつけたら、たいていインドヨメナです。公園や校庭、中庭、駐車場や建物の脇の草むらなどで自生しているのをよく見かけます。

花はあまり見かけない

●神経痛、吐血、子宮出血、風邪による熱、腫れものに――全草を煎じて服用します。チガヤの根とシソの葉、ネギの頭10本を加えるとさらに効果的です。

●すり傷、毒虫さされに――葉適量をつきくだき、ゴマ油を混ぜて患部に塗ります。

野の風景

覚えておくといい薬草

コメツブウマゴヤシ

和名漢字名：米粒馬肥

ウマゴヤシ（馬肥やし）という名が示すとおり、江戸時代頃日本に入ってきたという元牧草。家畜も健康になりそうな薬効が盛りだくさんです。花の咲いた後に米粒のように小さな果実が固まってつくことが和名の由来です。

主な効能 喘息、坐骨神経痛、痔

作用 体内の余分な熱と水分を取り除くことにより効果を発揮します。

米粒状の黄色い小花

data

学名：*Medicago lupulina* L.
分類：マメ科属ウマゴヤシ属
方言名：クルジ（与論島）、ワカクサ（奄美大島）
薬用部分：全草

特徴

高さ30～60㎝。ウマゴヤシとよく似ていますが、葉も花もさらに小型です。三枚の葉がセットになって茎に交互につくのはウマゴヤシと同じですが、黄色い花は、ウマゴヤシのとがった花と違って、つぶつぶ状です。ウマゴヤシとの大きな違いは、和名の由来ともなった、花の咲いたあとに米粒のように小さな果実が固まってつくことです。果実は熟すと黒くなります。

生育・採取場所

ヨーロッパ原産の帰化植物の一年草。日本全土に自生。

ウマゴヤシの花

○喘息の咳に――鶏卵と煮て食べます。
○坐骨神経痛に――全草を煎じて服用します。湿気により悪化する骨や筋の不調に。
○痔による出血、大腸出血に――甘酒と煮て服用します。

葉の先が少しへこんでいる

覚えておくといい薬草

ザクロ

和名漢字名：石榴（せきりゅう）、石榴果皮（せきりゅうかひ：果皮）、石榴根皮、石榴皮（せきりゅうこんぴ、せきりゅうひ：根皮、幹皮）、英名：Pomegranate

紅色の熟した果実は皮が厚く革のようで、中の種子は淡紅色、種子の外側の皮は甘酸っぱくて汁が多く、食用にされます。

果実用品種「実ザクロ」と、花の観賞用品種「花ザクロ」があり、最近は、花の観賞にも果実の収穫にも向いた品種も出回っています。

主な効能　寄生虫、下痢、月経過多

作用　酸による駆虫作用と渋みによる収斂作用により、効果を発揮します。

data

学名：*Punica granatum* L.
分類：ザクロ科ザクロ属
方言名：ザクル
薬用部分：果皮、葉

特徴

高さ3～5mの小高木だが、10mの高木になることもあります。幹にはこぶが多く、ところどころねじれています。長さ4cm前後の長楕円形の葉は茎に向かい合ってつき、つやがあります。枝先につく赤色の花はとても華やか。

生育・採取場所

中近東のイラン周辺が原産といわれる落葉小高木。日本では主に庭園で栽培されています。

●**回虫、条虫（サナダムシ）、ぎょう虫などの寄生虫に**——果皮を煎じて服用します。

●**下痢、赤痢、アメーバ赤痢に**——［下痢］実、または葉を煎じて飲みます。または果皮を煎じて服用します。［赤痢、アメーバ赤痢］実を煎じて飲みます。細菌性の下痢や泥状のゆるい便に有効。

●**月経過多、不正性器出血、帯下に**——果皮を煎じて服用します。

○**腹痛に**——葉や果皮を煎じて飲みます。または、熟していないザクロの実を食べます。

○**口やのどのトラブルに**——［扁桃腺炎、咽頭炎、口内炎］果皮を煎じて服用します。または、果皮を煎じてうがいをします。［口臭除去］果汁に水を加えて飲みます。または、果皮を煎じてうがいをします。

【その他の沖縄民間療法】

○**膀胱炎に**——葉を煎じて飲みます。

覚えておくといい薬草

シマニシキソウ

和名漢字名：島錦草、生薬名：飛揚草（ひようそう：花期の全草）

低地の空き地や道端、人家の庭、畑などいたるところに生えており、見つけるのに苦労しません。
西洋では、「Athma weed（ぜんそく草）」と呼ばれ、この種の薬草としては比較的安全に使える数少ない民間薬の一つとして評価されていますが、大量に服用すると嘔吐などを引き起こすことがあります。

主な効能　皮膚病

作用 体内の余分な熱や毒、水分を取り除くことにより、効果を発揮します。

data

学名：*Euphorbia hirta* L.
分類：トウダイグサ科トウダイグサ属
方言名：グチャファグサ、ウラハタギフサ
別名：タイワンニシキソウ
薬用部分：葉、茎

特徴

高さ20〜40㎝。ほんのり赤味を帯びた長さ1〜2㎝の卵形の葉は赤い茎に向かい合ってつきます。茎は多少枝分かれしながら、斜め上に伸びていきます。葉の付け根に咲く白い小花が多数集まって1㎝前後の丸いブーケを作ります。全草から白い汁が出ます。

生育・採取場所

熱帯アメリカ原産の一年草で、本州の近畿以西、四国、九州、沖縄、台湾、中国から広く亜熱帯、熱帯に分布する一年草。

●皮膚病：しらくも（頭部白癬）、たむし、水虫、疥癬、ぜにたむし（グチャファ）湿疹、かゆみ、イボ、湿疹、できものに——切ったときに出てくる白い汁をつけます。

※生薬に同じトウダイグサ科にニシキソウ（生薬名：地錦草、*Euphorbia humifusa* WILLD.があります。喀血、血尿、不正性器出血、外傷出血、黄疸、下痢、毒蛇咬傷、皮膚化膿症に効くといわれています。

覚えておくといい薬草

タマシダ

和名漢字名：玉羊歯

観賞用にも人気で、玄関先や道端の花壇によく植えられているタマシダ。石垣や電信柱にも平気でよじ登り、目立っています。

主な効能　尿道結石

根の間にできる球状の芋（塊茎）をきれいに洗って食べることもできます。

data

学名：*Nephrolepis cordifolia* (L.) Presl
分類：ツルシダ科タマシダ属
方言名：マヤークーガ
薬用部分：葉、全草
食用部分：芋（塊茎）

特徴

高さ約30㎝。葉はすべて地上から出ており、それぞれの葉には約2㎝の長楕円形の小葉が横に並んでついています。根に球状の芋（塊茎）を作り、水分を蓄えています。

生育・採取場所

伊豆半島以西の本州、四国、九州、小笠原諸島、南西諸島、中国、台湾、東南アジア、ポリネシア、アフリカなど温暖な地域の沿岸域に分布する常緑性のシダ植物。分布海岸近くの乾いた斜面や岩場、樹上に自生している常緑の多年草シダ。

順序良く並ぶ楕円形の小葉

根につく球状の芋

いたって身軽

●尿道結石、五淋白濁（膀胱に熱があって病気が発生し、小便が白くにごる）に――タマシダの葉ひとつかみ、トウワタと、ウマゴヤシをそれぞれひとにぎり（タマシダの半量）を煎じ、服用します。

覚えておくといい薬草

テッポウユリ

和名漢字名：麝香百合、生薬名：百合（びゃくごう）：鱗片：他のユリ属植物を含む）

観賞用としてあちこちの花壇に植えられている上品で美しいテッポウユリは、かつての「名護七曲がり」の植栽としても利用され、ドライブコースを華やげてくれた存在でもあります。
沖縄では球根（鱗茎）を昔から食用にしていたようです。

主な効能 乾いた咳、神経の高ぶり

作用 体内の不足した水分や血液を補い、結果として余分な熱を取り除くことにより、効果を発揮します。

data

学名：*Lilium longiflorum* Thunb.
分類：ユリ科ユリ属
方言名：ユイ
薬用部分：鱗茎の鱗片、葉
食用部分：球根（鱗茎）

特徴

高さ50～100㎝。10～15㎝の透明感のある白ユリの花を茎の先に数個つけ、茂みの中でひときわ鮮やかです。茎には5～10㎝の細長く先のとがった葉が密生しています。地下には球根（鱗茎）がありますが、花のあとには種子もできます。

生育・採取場所

琉球列島各地の海岸近くや山野、空き地に自生する多年草。

タマネギ大の球根

大きなものは鱗片をはがして使う

●乾いた咳、血の混じった痰、喀血に――鱗茎を煎じて服用します。肺を清め潤します。
●神経の高ぶり、不眠、神経衰弱、動悸、多夢に――鱗茎を煎じて服用します。熱病後期や病後の症状に効果あり。
○打身、のどの痛み、腫れものに――生の鱗茎をつきくだき、酢を少々加えて練り、ガーゼや布にのばして患部に貼ります。乾燥した鱗茎の粉末を使ってもいいです。1日2～3回取り換えます。消炎作用があります。
○耳痛に――乾燥百合を粉末にしてお湯で服用します。
※他のユリ仲間とほぼ同じ薬効です。

レシピ *Recipe*

大きなものは鱗片を一つずつはがし、小さなものはそのままで調理します。煮ものや蒸しもの、和え物に向いています。

道端に葉が顔を出す

ニラ

和名漢字名：韮、中国名：韮菜、生薬名：韮菜（きゅうさい：葉）、韮白、韮子（きゅうし：種子）、韮菜子（きゅうさいし：種子）

山野に自生することもありますが、主に畑で栽培されます。クーラーによる冷えや冬場の寒さに役に立つうえ、プランターでも簡単に育つ、雑草のように強い野菜です。

主な効能

（茎葉）出血、疲労（種子）冷えによる頻尿やインポテンツ

作用

（茎葉）体を温め、血のめぐりを良くし、余分な水分や毒を取り除くことにより、効果を発揮します。（種子）体を温め、肝臓や腎臓の機能を強化し、活性化することにより、効果を発揮します。

data

学名：*Allium tuberosum* ROTTLER
分類：ユリ科ネギ属
方言名：チリビラ（首里、久米）、ミィジヤ（宮古）、ピーラ（石垣）
別名：ミラ、コミラ
薬用部分：葉、茎、種子、根

特徴

草丈30〜50㎝。束になって生える白い茎（鱗茎）から線状で、先がゆるやかにとがった葉が伸びます。葉の間から花茎を出し、その先に白色の小花を多数つけ、平べったく黒色の種子を結びます。種子をとる場合は葉を刈らないでそのままにしておきます。

生育・採取場所

中国原産と考えられる多年草。本州、九州、中国、シベリア、モンゴル、チベット、アムール、ウスリーなどアジア各地域に分布。

茎葉

●疲労、胃腸の不調、夏バテ、冷え症、寒さによる下痢、神経過労に——茎葉を煎じて服用するか、料理して食べます。
●吐血、鼻血、血尿、痔の出血に——茎葉を料理して食べたり、煎じて飲みます。常に少しずつ食べ続けると効果あり。
○咳、喘息、去痰に——根茎葉をつきくだき、汁をしぼって飲みます。
○皮膚病：出血、うるしかぶれ、切り傷、やけど、たむしに——葉をもんで出る汁を患部につけます。

種子

●頻尿、子どもの夜尿症、インポテンツ、勃起不全、遺精、白色帯下（おりもの）、腰膝冷痛に——種子を煎じて服用します。種子は砕いてから煎じてもいいです。

【その他の沖縄民間療法】
○腹痛に——根を煎じて、その汁を飲みます。または、焼いて食べます。
○リンパ腺の腫れに——根茎を突き砕いて、その汁を飲みます。また患部につけたり煎じて服用します（1日10g）。

レシピ Recipe

下痢には味噌汁にニラと鰹節を入れたニラ雑炊、夏バテ予防にはニラレバ炒め、と言われています。

覚えておくといい薬草

パパイヤ

和名漢字名：番木瓜（ばんもくか）、生薬名：番木瓜（ばんもくか）、番木瓜、番木瓜葉（ばんもくかよう：葉）　英名：Papaya, Papaw

特に未熟果に含まれるタンパク質分解酵素のパパインは食肉の軟化、蛋白質消化剤および腹の寄生虫駆除薬などに使用されるほか、そばかす、にきび、湿疹などに有効とされ、各種化粧品に用いられていますが、病気の治療薬としても利用することができます。近年では、各種炎症、手術後の回復、腫瘍への利用も期待されています。

主な効能　消化不良、お乳の出が悪いときに

作用　主にタンパク質を分解する作用により効果を発揮します。

data

学名：*Carica papaya* L.
分類：パパイヤ科パパヤ属
方言名：パパヤー、マンジューイ
別名：チチウリノキ
薬用部分：果実（青果、熟果とも）
食用部分：果実（青果、熟果とも）

特徴

高さ4～10mの草本状常緑小高木。大きいもので直径50㎝にもなる大型の手のひら状の葉が直立した太い幹の上部にバサバサと集まっています。葉柄も長くときには1mに達します。5～9つに裂けた葉片にはさらに深いギザギザがあります。雌株と雄株があり、雌花に黄色い楕円形または洋梨形の実がつきます。

生育・採取場所

熱帯アメリカ原産で、世界各地の熱帯、亜熱帯地方の畑や庭園で広く栽培されている常緑高木果樹。あまり頻度は高くありませんが、野生化することもあります。

レシピ Recipe

熟した果実はそのまま食べるほか、ジャムやゼリーやジュースにしても楽しめます。若い果実はパパイヤチャンプルーのような炒めもの、煮もの、汁の実、酢漬け、粕漬け、塩漬けなどにします。

●消化不良、食欲低下、胃痛、胃弱、便秘に――熟した果実を生食、または青果を肉類などと共に煮たり炒めたりして食べます。果実をジュースにして飲んでもいいです。
●お乳の出が悪いときに――青果を豚足と一緒に煮て食べたり、熟した果実を生で食べます。
○皮膚病：ニキビ、湿疹に――青果を傷つけたときに出る乳液を患部に塗ります。刺激が強い場合は、しばらくおいて洗い流します。
○心臓病に――熟した実を生で食べます。
○せき、喘息に――熟果を生で食べるか、青果を肉類などと共に煮て食べます。

【その他の沖縄民間療法】
○黄疸、肝臓病に――［黄疸］沖縄では生の実の種をとり、小さいニワトリ（男はメンドリ、女はオンドリ）を入れて、炊いて食べます。［肝臓病］熟果を食べます。

※特に若葉に多いカルパインは、中枢抑制作用を持ちます。決して口にしないように（葉は有毒）。

覚えておくといい薬草

ヒハツモドキ

生薬名：山蒟（さんく）、英名：Java Long pepper

沖縄で古くから栽培され、コショウの代用として使われてきたヒハツモドキ。香辛料ピパーチとして加工され、市販もされているのでご存じの方も多いでしょう。さわやかな香りで沖縄そばをはじめ、中身汁、ソーキ汁、山羊料理、豚料理と相性のいい香辛料です。

主な効能　胃腸の不調

作用　体を温め、体内の余分な水分を取り除くことにより、効果を発揮します。

●**胃腸の不調：腹痛、胃腸病、消化不良、健胃整腸、痛風に**――乾燥物を粉末にして中味の吸い物などの料理に加えて食べます。または粉末を白湯で飲みます。

●**関節痛、腰痛に**――［関節痛］生を煎じて服用します。［腰痛］乾燥物を粉末にして白湯で飲みます。高湿により悪化する症状に効果あり。

○**咳に**――葉、桑の根、及びヨモギをいっしょに煎じて飲みます。または果穂の粉末を服用します。

※「ヒハツ（畢撥）」とは主に同属別種の *Piper longum* L.のことで、インドネシア、フィリピン、ベトナム、インド北部などの東南アジアに分布するつる性常緑木本植物です。鎮痛、頭痛、歯痛、下痢、嘔吐などに用いられています。

data

学名：*Piper retrofractum* Vahl（＝Piper Hancei Maxim.）
分類：コショウ科コショウ属
方言名：フィファチ、ピバツ、ピパーツ
別名：ジャワナガコショウ、ヒハツ、サキシマフウトウカズラ
薬用部分：果穂
食用部分：果穂

特徴

高さ2～4mになる木質の常緑つる植物。長さ約10㎝の葉は卵型か楕円形で、先がとがり、光沢があります。葉の間にときおり混じる長さ約3㎝の赤ピーマン色の果実は、細長くて硬く、ごつごつとして、小さなブツブツが均一に散りばめられています。

生育・採取場所

マレーシアなど東南アジア原産のつる性常緑木本植物。八重山諸島など一部の地域では野生化しているそうですが、主に人家の石垣や壁に這わせて栽培されている様子をよく見かけます。

レシピ Recipe

泡盛や焼酎に漬けて薬味酒として利用することもできます。葉は洗ってそのまま料理に取り入れたり、刻んで天ぷらにするとさわやかな味が楽しめます。

ムラサキオモト

生薬名：紫万年青

緑と紫の二色仕上げが華やかな観葉植物の一つ。オモト（万年青）という植物によく似ていて葉の裏が紫色なのでこの名がついたとか。暑さに強いため沖縄では野生化しやすく、栽培も簡単。成分が医薬品として販売されることもあります。

主な効能　肺炎、出血、咳、赤痢

data

学名：*Rhoeo spathacea* (Swartz) W. T. Stearn
分類：ツユクサ科
方言名：アカウムトゥ
薬用部分：葉、花

花壇の定番

特徴

高さ20～60㎝の常緑性多年草。細長く厚みのある先のとがった葉を中心部の太い茎を包むようにして何本も伸ばします。葉の裏だけが目にも鮮やかな紫色に染まっているので、すぐに分かります。葉の間につける苞の中に白い小花を咲かせます。

生育・採取場所

道路脇の花壇を中心に広く栽培されており、時に野生化して、ドブの中など思わぬ場所にも生えています。公共の場所で野生化していれば、採集してよいと思います。

歩道の花壇？野生

ドブからもコンニチワ

岩の上からヤッホー

○**肺炎、血便、血尿に**――生葉に黒糖を適当に加えて煎じ、服用します。
○**咳や痰に血が混ざるとき、百日咳、肺結核に**――花のひとつかみにミカンの皮と生のショウガ、黒糖を適当に加えて煎じ、服用します。［肺結核］根を煎じて飲みます。
○**胃腸の不調：熱性下痢（赤痢など）、腸炎、消化不良に**――葉を煎じて飲みます。［赤痢］葉を煎じて飲みます。
○**打身に**――生葉をつきくだき、酢を混ぜ合わせ、患部を湿布します。

ヤブラン

和名漢字名：藪蘭、生薬名：大葉麦門冬（たいようばくもんどう：根）、土麦冬（どばくどう：根）

漢方薬の麦門冬（ジャノヒゲ）に姿形や効能が似ており、麦門冬が小葉麦門冬と呼ばれるのに対して大葉麦門冬と呼ばれます。

麦門冬の代用品として漢方処方に配合されることもあり、民間では両者を混同して使われることが多いですが、品質は麦門冬よりも劣るために、土麦冬と呼ばれることもあります。

主な効能　咳、痰切り

●咳、痰切り、気管支炎、気管支喘息、百日咳、肺炎に——球根を煎じて服用します。

○滋養強壮、催乳に——球根を煎じて服用します。

data

学名：*Liriope platyphylla* Wang et Tang (=*L.graminifolia* Baker)
分類：ユリ科ヤブラン属
方言名：ヤマクーブ、ビローサ
別名：リュウノヒゲ、ボンバナ
薬用部分：球根（地下部の肥大した根・芋）

特徴

線状で先のとがった光沢と厚みのある葉はすべて根から出ており、葉の長さは30～60㎝。葉の上部は下に垂れ下がっています。葉の間から高さ30～50㎝の花茎を伸ばし、その先に淡い紫色の小花をブラシ状に多数つけます。花のあとに球形の黒い果実ができます。

生育・採取場所

東北～沖縄および中国、台湾、朝鮮半島南部に分布。海岸近くの山地や木の下などの日陰に自生し、栽培もされる常緑の多年草。

花壇で野生化

ジャノヒゲ

和名漢字名：蛇鬚
生薬名：麦門冬《ばくもんどう》、小葉麦門冬《しょうようばくもんどう》

data

学名：*Ohiopogon japonicas*(L.f.) Ker-Gawl.
分類：ユリ科ジャノヒゲ属
方言名：ハブグサ、コカビラ（波照間島）
別名：リュウノヒゲ
薬用部分：球根

効能　咳、痰切り

●乾いた咳、痰切りに——球根を煎服します。肺に熱のたまった症状に効果あり。寒気を伴う痰の多い咳には控えましょう。

○口や舌の乾燥、活力不足、無力感、滋養強壮に——球根を煎服します。

○不眠、焦躁感に——球根を煎服します。

○便秘に——球根を煎服します。

特徴

ヤブランとの違い——ジャノヒゲはヤブランよりも草丈が低く、ヤブランは花を上向きに咲かせるのに対して、ジャノヒゲは下向きに花を咲かせます。ジャノヒゲの種子は濃い青色です。

生育地・採集場所

北海道から九州および中国、朝鮮半島に分布。庭で観賞用に栽培される常緑の多年草で、ときに野生化します。

覚えておくといい薬草

ラッキョウ（シマラッキョウ）

和名漢字名：辣韮、中国名：薤白（がいはく）、生薬名：薤白（鱗茎：がいはく）

ピリッとした辛さと歯ごたえが魅力で近年は観光客にも人気のシマラッキョウ。特に精神的な理由で胃腸の弱い方は毎日の食事に加えてみましょう。

主な効能 下痢、消化不良、咳、呼吸困難

作用 胸部を温め、胃腸の気のめぐりをよくすることによって効果を発揮します。

●下痢、胃腸炎、消化不良に――［下痢］鱗茎を煎じて服用します。［慢性胃腸炎、消化不良］料理して食べるか、絞り汁を薄めて服用します。［食欲不振］生のラッキョウに味噌などを少量つけて食べます。

●咳、心臓性喘息症、狭心症による呼吸困難、胸苦しいなどの症状に――鱗茎を煎じて服用します。［咳］鱗茎を酒につけて、その汁を飲みます。

【その他の沖縄民間療法】

○痔――お茶碗一杯食べます。

data

学名：*Allium bakeri* Regel (=*A. chinense* G. Don)
分類：ユリ科ネギ属
別名：ダッチョウ
薬用部分：鱗茎
食用部分：鱗茎

特徴

長さ20～30㎝の葉は鱗茎の上部から束になって伸び、細い線状。高さ30～40㎝の花茎を一本伸ばし、その先に紫色で鐘の形をした小花をつけます。鱗茎（ラッキョウ）は長さ2～3㎝で先のとがった細卵形。

生育・採取場所

中国原産で日本には古代に渡来した多年性球根植物。現在は食用に各地で畑地などに栽培されます。

直売所の人気者

あとがき

ここまで読んでくださった皆様、どうもありがとうございます。

本書のなかで私は「身近な薬草」の大切さについて再三触れてきましたが、これは、アメリカで学んだ、私にとって最も大切なハーバリズム（ハーブ療法）の教えの一つです。そして、これは同時に世界中の薬草民間療法による教えでもあります。最後に、私が身近な薬草をこれほどまでに気にし始めたきっかけとその後の経緯について少しお話ししましょう。

もうかれこれ15年近くも前のことです。私は心の師と仰ぐアメリカのハーバリストに彼女の通信講座の日本語版翻訳を申し出ました。すると、以下のような返事が返ってきました。「日本に住む人は外国のハーブではなく、日本に自生する薬草を使ってください」。せっかくのビジネスチャンスをふいにしてまで貫いた薬草に対する彼女の信念に強く心を揺さぶられた私は、その後帰国して日本の薬草の勉強を新たに開始することになったのです。

とはいえ、時期的に出産育児と重なったこともあり、自然豊かな暮らしをしながらも腰を据えて勉強する機会は十分に得られず、名も知らない庭の薬草の前を未練がましく通り過ぎてははがゆい思いをする日々が続きました。

そんななか、沖縄移住は私の薬草人生にとって大きな転機となりました。沖縄の植物の、これでも目に入らぬか、と迫ってくる存在感を前にして、多忙を理由に身近な薬草を無視するなどこれ以上できなくなったのです。周囲の植物たちを使わずに通販ハーブを取り寄せることに罪悪感さえ感じるようになりました。そして、折しもボーダーインクさんが本の出版という機会を与えてくださったおかげで、私は今度こそ自分の薬草世界の拡大に本気で取り組むことができたのです。

記念すべき本を書き終えた今、私の心は自分と生活を共にしている自然を少しは理解できた満足感で満たされています。とはいえ、まだまだ本の内容としては未熟であり、読者の皆さんには物足りない部分もたくさんあることでしょう。けれども、この本を使用された感想や体験談を聞かせていただきながら、今後さらに充実した薬草本を作る叩き台としてこの本を捉えていただければ著者として本望です。「身近な自然との関わり」の素晴らしさについてこの本で説明しきれなかった分についても今後皆さんとお会いしたときに直接お伝えしたいと思います。

ぜひ、みんなでこれからの沖縄薬草界を盛り上げていきましょう。この本が私とあなたの出会いのきっかけになり、また、薬草好きの皆さんが集うきっかけになりますよう、お祈りしています。自分がオバアになったときどんな素晴らしい本が書けるようになっているか今から楽しみです。

最後になりましたが、駆け出しの薬草家である私の原稿を立派な本にしてくださったボーダーインクの皆様に心よりお礼を申し上げます。そして、執筆開始から2年もの間温かいまなざしで気長に見守り続けてくださった編集部の喜納えりか様にはどれほど感謝の気持ちを述べても足りません。彼女の支えなしには孤独で地道な作業を完結することはおそらくできなかったでしょう。最後の最後まで本当にお疲れさまでした。ヨモギティーでも飲んでゆっくり休んでくださいね。

2012年3月　南城市知念知名にて

大滝　百合子

ポポ（根、全草）

●ま
●麻痺：ニンニク（鱗茎）110
●マラリア：クマツヅラ（全草）72

●み
●三日はしか：ツボクサ（葉）105
●水ぼうそう：セイヨウタンポポ（根）56
●水虫（汗疱状白癬）：カラムシ（根）、ギシギシ（根、茎）60、ゲッキツ（葉）97、シマニシキソウ（汁）133、ニンニク（鱗茎）110、ホウセンカ（全草、葉）119、ヨモギ（葉）40
●耳下の腫れ：ハイビスカス（花、葉）112
●耳痛：テッポウユリ（鱗茎）135、ニンニク（鱗茎）110
●耳鳴り：シマグワ（果実）52

●む
●むくみ:アキノワスレグサ（根）80、ウイキョウ（種子）86、ウシハコベ（葉）74、ウマゴヤシ（葉）、オオバコ（葉、種子）42、カニクサ（茎葉）90、クミスクチン（全草）96、シマグワ（葉、枝、根皮）、スベリヒユ（全草）50、セイヨウタンポポ（根）56、ソクズ（根皮、全草）101、チガヤ（根、茎）103、チドメグサ（全草）104、ツユクサ（全草）、バナナ（葉）81、ビワ（葉）116、モモ（つぼみ、葉）121、ヨモギ（葉）40、顔のむくみ:シマグワ（根皮）52、軽いむくみ：ユキノシタ（葉）126、脚気などのむくみ:ヘチマ水 118、脚気（下腿浮腫）：シマグワ（枝）52
●無月経：ウコン（根茎）83、カンキョウ（根）98、モモ（種子）121、ホウセンカ（種子、全草、花）119
●虫下し：グアバ（葉）93
●虫さされ：アロエベラ（葉の汁）129、ガジュマル（気根）89、カタバミ（葉）44、キダチアロエ（葉）92 スベリヒユ（茎葉）50、セイロンベンケイ（葉）100、ニンニク（鱗茎）110、ツボクサ（葉）105、ツユクサ（葉）106、ホウセンカ（葉）119、ヤブガラシ（根茎）124、ヨモギ（葉）40、蚊さされ：ウシハコベ（葉）74
●虫歯の予防：ウシハコベ（葉）74
●胸苦しいなどの症状：ラッキョウ（鱗茎）141
●胸やけ：ツルナ（全草）68、ホソバワダン（葉）66、ヨモギ（葉）40

●め
●目の痛み：シマグワ（葉）52、ハマゴウ（種子）114
●目のかすみ：シマグワ（葉）52
●目の充血や腫れ：目の充血アロエベラ（葉の汁）129、オオバコ（全草、種子）42、クチナシ（果実）95、シマグワ（葉）52、眼が赤くなって痛むとき:ニガウリ（果実）109、目の充血や腫れ：ハマゴウ（種子）114、目の腫れや痛み:ハイビスカス（花）112、眼の腫れ：セイヨウタンポポ（根）56
●目の疲れや視力低下：シマグワ（葉）52、視力減退：オオバコ（全草、種子）42
●めまい:アロエベラ（葉の汁）129、オオバコ（全草、種子）42、クチナシ（果実）95、シマグワ（果実）52、タカサブロウ（全草）102、ハマゴウ（種子）114、めまいや出血：シマグワ（葉）52

●も
●ものもらい：オオバコ（葉）42
●盲腸炎：ウシハコベ（葉）74、ゲッキツ（茎葉）97

●や
●薬疹：オニタビラコ（葉）54
●薬物アレルギー：オニタビラコ（葉）54
●やけど：アロエベラ（葉の汁）129、オオバコ（葉）42、カタバミ（全草）44、キダチアロエ（葉）92、クチナシ（果実）95、ツボクサ（葉）105、ツワブキ（葉）48、ムラサキカタバミ（全草）45、ニンニク（鱗茎）110、ニラ（葉）136、軽いやけど：セイロンベンケイ（葉）100、ヘチマ水 118、ユキノシタ（葉）126
●夜尿症：ニラ（種子）136
●夜盲症：ウマゴヤシ（根）131

●ゆ
●憂鬱:シークヮーサー（青皮）122、婦人の憂鬱:ハマスゲ（根塊）70

●よ
●腰痛:ウイキョウ（種子）86、オオイタビ（茎枝）62、クチナシ（果実）95、シークヮーサー（種子）122、ハマゴウ（種子）114、ヒハツモドキ（果実）138、ショウガ（根）98、ニンニク（鱗茎）110

●り
●利尿薬：ウマゴヤシ（葉）131、ソクズ（根皮、全草）101、チドメグサ（全草）104、ビワ（葉）116、ヘチマ水 118
●流産予防：ヨモギ（葉）40
●リュウマチ：オオイタビ（茎枝）62、クチナシ（果実）95、クミスクチン（葉、全草）96、シマグワ（枝）52、ショウガ（根）98、ソクズ（全草）101、トウガラシ（果実）108、ハマゴウ（種子）114、ボタンボウフウ（全草、根）120、ヨモギ（葉）40、リュウマチ性関節痛：ヤブガラシ（根）124、リュウマチによる関節炎：シロノセンダングサ（全草）58
●緑内障：オオバコ（全草、種子）42
●リンパ腺腫：ニラ（根茎）、ホソバワダン（葉）66
●淋病：オオバコ（葉）42、クチナシ（果実）95、スベリヒユ（全草）50、ツルムラサキ（全草）107、ビワ（葉）116

●れ
●連鎖球菌：ニンニク（鱗茎）110

●ろ
●老人性皮膚瘙痒症：オニタビラコ（葉）54

●鼻づまり：ショウガ（根）98、ハマゴウ（種子）114
●鼻水：ウイキョウ（種子）86
●腫れもの：頭瘡アカメガシワ（葉）76、アメリカフウロ（全草）128、アロエベラ（葉の汁）129、インドヨメナ（葉、全草）130、ウコン（根茎）83、ウシハコベ（葉）74、オオバコ（葉）42、オニタビラコ（葉）54、ギシギシ（葉）60、クマツヅラ（全草）72、シロノセンダングサ（全草）58、スベリヒユ（茎葉）50、セイヨウタンポポ（根）56、セイロンベンケイ（葉）100、ツボクサ（葉）105、ツユクサ（全草）106、ツワブキ（葉）48、テッポウユリ（鱗茎）135、ニンニク（鱗茎）110、ハイビスカス（花、葉）112、バナナ（葉）81、ヤブガラシ（根茎）124、ビワ（葉）116、ホウセンカ（葉）119、ホソバワダン（葉）66、ユキノシタ（葉）126、腫れものの痛み止め：ゲッキツ（茎葉）97
●発疹：セイヨウタンポポ（根）56

●ひ

●冷え症：ソクズ（全草）101、ニラ（茎葉）136、ニンニク（鱗茎）110、ヨモギ（葉）40、足先の冷え：トウガラシ（果実）108（外用薬として）、カンキョウ（根）98、足の冷え：ショウガ（根）98、四肢の冷え：ウイキョウ（種子）86
●ひきつけ：ツワブキ（葉）48、ユキノシタ（葉）126
●ひび：キダチアロエ（葉）92、ヘクソカズラ（果実）113
●皮膚化膿症：オオバコ（葉）42、オオイタビ（全草）62、カラムシ（根）、ギシギシ（根）60、クマツヅラ（全草）72、ツユクサ（全草）106、ツワブキ（葉）48、皮膚化膿症の初期：ニンニク（鱗茎）110
●皮膚感染症：ヨモギ（葉）40
●皮膚真菌：アロエベラ（葉の汁）129
●皮膚の炎症：オオバコ（葉）42
●皮膚のかゆみ：アカメガシワ（葉）76、アロエベラ（葉の汁）129、ウシハコベ（葉）74、ゲッキツ（茎葉）97、シマニシキソウ（汁）133、タカサブロウ（全草）102、ユキノシタ（葉）126、ヨモギ（葉）40、激しいかゆみ：オニタビラコ（葉）54
●皮膚の出血：アキノワスレグサ（根）80、オオバコ（葉）42、ガジュマル（木の汁）89、カタバミ（葉）44、カラムシ（葉、根）91、ギシギシ（根）60、クチナシ（果実）95、チガヤ（根、花穂）103、チドメグサ（茎葉）104、ツボクサ（葉）105、ツワブキ（葉）48、トウガラシ（果実）108、セイロンベンケイ（葉）100、ニラ（葉）、皮下出血：ギシギシ（根）60、カラムシ（葉、根）91、ヨモギ（葉）40
出血を伴う炎症：クチナシ（果実）95、外傷出血などあらゆる出血：タカサブロウ（全草）102
●皮膚病一般：アロエベラ（葉の汁）129、ハマゴウ（種子、茎葉）114
●飛蚊症：オオバコ（種子）42
●百日咳：チガヤ（根茎）103、ビワ（葉）116、ボタンボウフウ（全草）120、ヤブラン（球根）140
●日焼け止めや日焼け後のケア：ヘチマ水 118
●疲労：アキノワスレグサ（根）80、シマグワ（葉）52、ニンニク（鱗茎）110、ニラ（茎葉）136
●頻尿：ニラ（種子）
●貧血：ギシギシ（根、茎）60、シマグワ（葉）52、スベリヒユ（全草）50、ヨモギ（葉）40
●頻繁に出るしゃっくり：ビワ（葉）116

●ふ

●吹き出物モモ（葉）121、オオバコ（葉）42
●腹痛：アロエベラ（葉の汁）129、イボタクサギ（葉）82、イトバショウ（果実）、ウコン（根茎）83、カンキョウ（根）98、グアバ（樹皮、葉、果実）93、クマツヅラ（全草）72、ザクロ（果実、果皮、葉）132、ショウガ（根）98、シロノセンダングサ（全草）58、セイヨウタンポポ（根）56、ツボクサ（葉）105、ツワブキ（茎葉、根茎）48、トウガラシ（果実）108、ニンニク（鱗茎）110、ニラ（根）、ヒハツモドキ（果実）138、ホウセンカ（花）119、ホソバワダン（葉、根）66、ハマスゲ（根塊）70、ヨモギ（葉）40、寒さによる腹痛：シークヮーサー（熟した果皮、種子）122、下腹痛：モモ（種子）121、下腹部の冷痛：ヨモギ（葉）40、大腸炎などの腹痛：ガジュマル（樹皮、気根）89、食べすぎによる腹痛：シークヮーサー（青皮）122、乳児や老人の激しい腹痛：ウイキョウ（種子）86、腹の張りや痛み：ウイキョウ（種子）86、胸・腹の冷痛や脹満（腹水によるふくれ）：ゲットウ（種子）64
●腹部のむくみや膨張：シークヮーサー（熟した果皮）122
●フケ：ウシハコベ（葉）74
●ブドウ球菌：ニンニク（鱗茎）110
●婦人のヒステリー：ハマスゲ（根塊）70
●婦人の憂鬱：ハマスゲ（根塊）70
●婦人の腰痛：ヘチマ（果実）118
●不正性器出血：カラムシ（葉、根）91、ギシギシ（根）60、タカサブロウ（全草）102、ザクロ（果皮）132、ヨモギ（葉）40
●不妊症：ハマゴウ（種子）114、ヨモギ（葉）40
●不眠症：アキノワスレグサ（根、葉、花）80、ウイキョウ（葉）86、クチナシ（果実）95、シマグワ（果実）52、ツボクサ（根）、テッポウユリ（鱗茎）135、ニンニク（鱗茎）110、ビワ（葉）116 ヨモギ（葉）40、高熱で落ち着きがないとき：クチナシ（果実）95

●へ

●扁桃腺炎：ザクロ（果皮）132、セイヨウタンポポ（根）56、ツボクサ（根）105、ツユクサ（全草、ツワブキ（根）48
●偏頭痛：ハマゴウ（種子）114
●便秘：アメリカフウロ（全草）128、ギシギシ（根）60、キダチアロエ（葉）92、シマグワ（葉、果実）52、ツルムラサキ（葉）107、モモ（種子）121、パパイヤ（果実）137、習慣性便秘：アロエベラ（葉の汁）129
●ヘルペス：アロエベラ（葉の汁）129
●ヘルニアの痛み：ウイキョウ（種子）86、ヘルニアの腫れや痛み：シークヮーサー（青皮）122

●ほ

●膀胱炎：オオバコ（葉、種子）42、カニクサ（茎葉）90、クミスクチン（全草）96、シマグワ（葉、根皮）52、ザクロ（果実）132、シマグワ（枝）52、スベリヒユ（全草）50、セイヨウタンポポ（根）56、ソクズ（若芽、葉、根）101、チガヤ（根、茎）103、ツユクサ（全草）、ヨモギ（葉）40
●膀胱結石：カニクサ（茎葉）90、ウマゴヤシ（全草）、セイヨウタンポポ（根）56、ソクズ（若芽、葉、根）101
●母乳不足：ウシハコベ（葉）74、セイヨウタン

114、手足のしびれや痛み：シマグワ（枝）52、ひきつりや麻痺：シマグワ（枝）52
●低血圧症：シマグワ（葉、果実）52

●と

●動悸：ヨモギ（葉）40
●凍傷：ユキノシタ（葉）126
●動物に咬まれたとき：蛇に咬まれたとき：カラムシ（根）、カタバミ（全草）44、ツユクサ（花、葉）、犬咬傷：ショウガ（根）98、ハチやムカデの咬傷：ヤブガラシ（根茎）124
●糖尿病：ヘチマ（水、果実）118、アロエベラ（葉の汁）129、オオイタビ（茎葉）62、オオバコ（葉）42、カタバミ（全草）44、グアバ（葉）93、クミスクチン（全草）96、ウコン（根茎）83、ビワ（葉）116
●頭部脂漏性皮膚炎：ギシギシ（根）60
●動脈硬化：シマグワ（葉）52、ニンニク（鱗茎）110
●毒虫さされ：インドヨメナ（葉、全草）130、カタバミ（葉）44、スベリヒユ（茎葉）50、バナナ（葉）81、ショウガ（根）98、セイロンベンケイ（葉）100、ツワブキ（葉）48、ホウセンカ（花）119、ヤブガラシ（根茎）124
●吐血：シマグワ（葉）52、タカサブロウ（全草）102、ヨモギ（葉）40、軽度の吐血：シマグワ（葉）52、ニラ（茎葉）136、チガヤ（根茎、全草）103、喀血：インドヨメナ（葉、全草）130、カタバミ（葉、全草）44、カラムシ（葉、根）91、ギシギシ（根）60、クチナシ（果実）95、タカサブロウ（全草）102、テッポウユリ（鱗茎）135

●な

●夏バテ：ニラ（茎葉）136、ニガウリ（果実）109、ハイビスカス（花）112、暑気払い：ビワ（葉）116
●涙が多いとき：ハマゴウ（種子）114

●に

●ニキビ：アロエベラ（葉の汁）129、ギシギシ（根）60、クマツヅラ（全草）72、スベリヒユ（茎葉）50、パパイヤ（果実）137
●肉類や揚げものの食べ過ぎ：セイヨウタンポポ（根）56
●乳腺炎（乳房の腫れ）：カラムシ（根）91、クマツヅラ（全草）72、シークヮーサー（葉、青皮）122、セイヨウタンポポ（根）56、ヤブガラシ（根）124
●尿道炎：オオバコ（葉、種子）42、カニクサ（茎葉）90、スベリヒユ（全草）50、ソクズ（若芽、葉、根）101
●尿道結石：ウマゴヤシ（根）131、タマシダ（葉）134
●尿量減少：シマグワ（根皮）52
●妊婦の食欲低下：ハマスゲ（根塊）70

●ね

●熱性の肝臓症状：セイヨウタンポポ（根）56
●熱病系の病気：クチナシ（果実）95
●熱病による心煩：クチナシ（果実）95
●捻挫：クチナシ（果実）95、ソクズ（葉）101、ツワブキ（葉）48、ビワ（葉）116

●の

●脳卒中：ニンニク（鱗茎）110、脳卒中の予防：シマグワ（葉）52
●咽喉痛：ショウガ（根）98、ツユクサ（全草）106、ツワブキ（根）48、テッポウユリ（鱗茎）135、ニンニク（鱗茎）110、ムラサキカタバミ（全草）45、ヨモギ（葉）40、咽頭炎：ザクロ（果皮）132、咽喉炎：トウガラシ（果実）108（外用薬として）、ツボクサ（根）、チドメグサ（全草）104、咽喉の痛み：ガジュマル（気根）89、咽喉の赤い腫れ：セイヨウタンポポ（根）56、咽喉の腫れや痛み：オオイタビ（全草）62、シロノセンダングサ（全草）58
●咽喉に刺さった魚や肉の骨抜き：カラムシ（根）91、小骨が咽喉に刺さったとき：ホウセンカ（汁）119
●咽喉の乾燥感：ビワ（葉）116
●のぼせ：インドヨメナ（葉、全草）、ウイキョウ（葉）86、オオイタビ（全草）62、カタバミ（全草）44、クミスクチン（葉、全草）96、ハマゴウ（種子）114、ビワ（葉）116
●乗り物酔い：ショウガ（根）98

●は

●肺炎：ニンニク（鱗茎）110、ムラサキオモト（葉）139、ヤブラン（球根）140
●肺結核：オオイタビ（葉）62、オオバコ（葉）42、ニンニク（鱗茎）110、ホウセンカ（全草）119、ヨモギ（葉）40
●梅毒：ツルムラサキ（全草）107
●排尿困難：カニクサ（茎葉）90、クチナシ（果実）95、シマグワ（根皮）52、セイヨウタンポポ（根）56、チガヤ（根、茎）103、ツユクサ（全草）
●排尿痛：ウイキョウ（種子）86、カニクサ（茎葉）90、カラムシ（根）91、クチナシ（果実）95、スベリヒユ（全草）50、セイヨウタンポポ（根）56、チガヤ（根、茎）103、ツユクサ（全草）
●肺病：ボタンボウフウ（葉、全草）120
●歯茎からの出血：チドメグサ（全草）104
●歯茎の出血：ウシハコベ（葉）74
●歯茎の腫脹：ハマゴウ（種子）114
●はしか：セイヨウタンポポ（根）56、はしかの発疹期や回復期の高熱：チガヤ（根、根茎）103
●破傷風：ニンニク（鱗茎）110
●肌荒れ：ヘチマ水 118
●発熱：ウイキョウ（葉）86、ウコンイソマツ（茎葉）88、オオイタビ（根茎）62、オオバコ（葉）42、クチナシ（果実）95、クマツヅラ（全草）72、シマグワ（葉）52、ショウガ（根）98、セイヨウタンポポ（根）56、セイロンベンケイ（葉）100、チガヤ（根、根茎）103、ツボクサ（葉）105、ツルムラサキ（茎葉）、ツワブキ（全草）48、ニンニク（鱗茎）110、ユキノシタ（葉）126、ヨモギ（葉）40、風邪の初期の熱：ハイビスカス（花、葉）112、ユキノシタ（葉）126、風邪などの発熱：ホソバワダン（葉）66、風邪による熱：イトバショウ（茎）181、インドヨメナ（葉、全草）130、ツユクサ（全草）106、ニンニク（鱗茎）110、バナナ（根、茎）81、ボタンボウフウ（全草）120、風邪による発熱や頭痛：ハマゴウ（種子）114、悪性の熱：ツボクサ（葉）105、風邪時の軽い発熱：チドメグサ（全草）104、夏負けの発熱：ニガウリ（果実）109
●歯のゆるみタカサブロウ（全草）102
●歯磨き粉：ウシハコベ（葉）74
●鼻血：オオバコ（葉）42、カタバミ（葉、全草）44、ギシギシ（根）60、クチナシ（果実）95タカサブロウ（全草）102、チガヤ（根茎、全草）103、ツボクサ（葉）105、ニラ（茎葉）136、ヨモギ（葉）40

●神経衰弱:テッポウユリ（鱗茎）135、神経疲労:クチナシ（果実）95
●神経痛：ガジュマル（気根）89、クチナシ（果実）95、ショウガ（根）98、ツルムラサキ（葉）107、トウガラシ（果実）108（外用薬として）、ニンニク（鱗茎）110、ハマゴウ（種子）114、ヘクソカズラ（果実）113、ボタンボウフウ（全草、根）120、ソクズ（全草）101、ヤブガラシ（根）124、ヨモギ（葉）40
●神経の高ぶり：テッポウユリ（鱗茎）135
●心臓の虚弱：ニンニク（鱗茎）110
●心臓病：オオバコ（種子）42、シマグワ（葉）52、ツユクサ（葉）106、パパイヤ（果実）137、高コレステロール：ニンニク（鱗茎）110
●心臓発作：ニンニク（鱗茎）110
●腎臓病：オオバコ（葉、種子）42、ウコン（根茎）83、ウシハコベ（葉）74、クミスクチン（全草）96、ソクズ（若芽、葉、根）101、チガヤ（根）、ツユクサ（全草）106、ビワ（葉）116、ヘクソカズラ（全草、根茎）113、ヘチマ（水、果実）118、ヨモギ（葉）40
●じんましん：ウシハコベ（葉）74、モモ（葉）121、食べ物によるじんましん:オニタビラコ（葉）54

●す

●髄膜炎（脳膜炎）：ホウセンカ（汁）119
●ストレス：ツボクサ（根）、ストレスによる潰瘍：ツボクサ
●筋・骨のひきつり：ハマゴウ（種子）114
●頭痛:アロエベラ（葉の汁）129、ウイキョウ（葉）86、クチナシ（果実）95、シマグワ（葉）52、ショウガ（根）98、トウガラシ（果実）108、ホウセンカ（汁）119、ホソバワダン（葉）66、ヨモギ（葉）40
●すり傷：インドヨメナ（葉、全草）130、オオバコ（葉）42、キダチアロエ（葉）92、チガヤ（根、花穂）103

●せ

●生理痛：ウコン（根茎）83、クマツヅラ（全草）72、ハマゴウ（種子）114、ハマスゲ（根塊）70、ホウセンカ（種子、全草、花）119、モモ（種子）121、ヨモギ（葉）40
●精力減退：ニンニク（鱗茎）110
●精神不安：ツボクサ（葉）105
●咳:オオバコ（葉、種子、根）42、ウイキョウ（種子）86、ウコン（根茎）83、カニクサ（茎葉または成熟胞子）、カラムシ（根）91、カンキョウ（根）98、シークヮーサー（熟した果皮）122、シマグワ（根皮）52、ショウガ（根）98、チガヤ（根茎）103、ツユクサ（全草）106、ニンニク（鱗茎）110、ニラ（葉）、ハイビスカス（花、葉）112、パパイヤ（果実）137、ヒハツモドキ（葉、果実）138、ビワ（葉）116、ヘチマ水 118、ホソバワダン（根）66、ホウセンカ（全草）119、ヤブラン（球根）140、ヨモギ（葉）40、痰の多い咳:シークヮーサー（熟した果皮）122、ラッキョウ（鱗茎）141、はげしい咳:ユキノシタ（葉）126、モモ（種子）121、ボタンボウフウ（全草）120、風邪の咳:シマグワ（根皮）52、ウイキョウ（種子）86、シマグワ（葉）52、乾いた咳：テッポウユリ（鱗茎）135、咳血:カラムシ（葉、根）91、痰の出る咳:カラムシ（根）
●赤痢：グアバ（葉、果実）93、スベリヒユ（茎葉）50、ツワブキ（茎葉、根茎）48、熱性下痢（赤痢など）：ムラサキオモト（葉）139、痢病：イトバショウ（果実）81
●洗眼薬：ハイビスカス（花）112
●切迫流産の性器出血：ヨモギ（葉）40
●前立腺肥大：カニクサ（茎葉）90

●そ

●早期白髪：シマグワ（果実）52、タカサブロウ（全草）102
●早産：チガヤ（根茎、全草）103
●そばかす：ヘチマ水 118

●た

●胎児不安定：カラムシ（根）、ヨモギ（葉）40
●大腸炎：イトバショウ（果実）81
●大腸出血：コメツブウマゴヤシ（全草）131
●胎熱による妊娠中の下腹痛：カラムシ（根）91
●体力低下：シマグワ（葉）52、ニンニク（鱗茎）110、活力不足：トウガラシ（果実）108、滋養強壮：ボタンボウフウ（葉）、ヤブラン（球根）140
●ただれ:アロエベラ（葉の汁）129、ツボクサ（葉）105
●多夢：テッポウユリ（鱗茎）135
●田虫：ガジュマル（茎）、カタバミ（全草）44、ギシギシ（根、茎）60、ゲッキツ（葉）97、シマニシキソウ（汁）133、ハマゴウ（葉）114、ニラ（葉）、ニンニク（鱗茎）110
●痰が多いとき：ウイキョウ（種子）86、オオバコ（葉、種子、根）42、ゲットウ（種子）64、シークヮーサー（熟した果皮）122、シマグワ（葉、根皮）52、ショウガ（根）98、ニラ（葉）、ビワ（葉）116、ヘチマ水 118、ヤブラン（球根）140、ヨモギ（葉）40、血の混じった痰:テッポウユリ（鱗茎）135、カンキョウ（根）98
●胆石症：ウコン（根茎）83
●胆嚢炎：ウコン（根茎）83

●ち

●乳の病：セイロンベンケイ（葉）100
●膣炎：ニンニク（鱗茎）110
●膣のイースト感染症：ヨモギ（葉）40
●乳房の塊：シークヮーサー（葉、青皮）122、ハマゴウ（種子）114、ハマスゲ（根塊）70
●乳房の腫瘍：セイヨウタンポポ（根）56
●乳房の脹満や過敏：ハマスゲ（根塊）70、ハマゴウ（種子）114
●中耳炎:ハマゴウ（種子）114、ユキノシタ（葉）126、耳だれユキノシタ（葉）126 ハマゴウ（種子）114
●虫垂炎：ウシハコベ（葉）74
●中毒：魚の中毒：クサトベラ（葉、茎）94、ツワブキ（茎葉、根茎）48、トウガラシ（果実）108、ニンニク(鱗茎）110、ホウセンカ(葉、種子)、魚中毒の予防：ボタンボウフウ（葉）120、魚やカニの中毒による嘔吐や下痢：ショウガ（根）98、フグやカツオの中毒:ツワブキ（茎葉、根茎）48
●腸炎:ゲッキツ（茎葉）97、ムラサキオモト（葉）139、急性慢性腸炎：グアバ（葉、果実）93、慢性腸炎：アメリカフウロ（全草）128

●つ

●痛風:クミスクチン（全草）96、ヒハツモドキ（果実）138

●て

●手足のしびれや麻痺や虚弱：ハマゴウ（種子）

痢：ツユクサ（葉）106、オオバコ（全草、種子）42、寒さによる下痢：ニラ（茎葉）136、熱性下痢（赤痢など）：ツワブキ（茎葉）48、ニガウリ（果実）109、ムラサキオモト（葉、根茎）139、
●健胃整腸：アメリカフウロ（全草）128、オオバコ（葉、種子、根）42、キダチアロエ（葉）92、ゲットウ（種子）64、シマグワ（根皮）52、ヒハツモドキ（果実）138

●こ
●睾丸の腫れや痛み：ウイキョウ（種子）86、シークヮーサー（熟した果皮、種子）122
●口腔炎：カタバミ（全草）44
●高血圧症：ウコン（根茎）83、オオイタビ（茎葉）62、クミスクチン（全草）96、シマグワ（根皮）52、ツボクサ（葉）105、ニンニク（鱗茎）110、ヨモギ（葉）40、高血圧予防：シマグワ（葉）52
●高コレステロール：アロエベラ（葉の汁）129
●口臭：カタバミ（全草）44、ザクロ（果汁、果皮）132
●口内炎：クチナシ（果実）95、ザクロ（果皮）132
●高熱で落ち着きがないとき：クチナシ（果実）95
●更年期障害：キダチアロエ（葉）92、ハマスゲ（根塊）70
●興奮：アキノワスレグサ（根、葉、花）80、クチナシ（果実）95
●肛門のかゆみ：ギシギシ（根）60
●呼吸困難：カンキョウ（根）98、シマグワ（根皮）52、ビワ（葉）116、モモ（種子）121、狭心症による呼吸困難：ラッキョウ（鱗茎）141、呼吸器系疾患：ニンニク（鱗茎）110
●腰膝痛：タカサブロウ（全草）102、ヨモギ（葉）40、腰膝冷痛：ニラ（種子）
●五淋白濁：タマシダ（葉）134

●さ
●細菌性下痢：ニンニク（鱗茎）110
●催乳：パパイヤ（果実）137、ヤブラン（球根）140
●坐骨神経痛：コメツブウマゴヤシ（全草）131
●サルモネラ菌：ニンニク（鱗茎）110
●産後のおりものや出血：モモ（種子）121
●産後の浄血：ウシハコベ（葉）74
●産後の腹痛：ガジュマル（樹皮、気根）89、ホウセンカ（種子、全草、花）119

●し
●痔：ウコン（根茎）83、ウコンイソマツ（根）88、ウシハコベ（葉）74、オオバコ（葉）42、カタバミ（全草）44、ガジュマル（樹皮、気根）89、カラムシ（葉、根）91、ギシギシ（根）60、キダチアロエ（葉）92、コメツブウマゴヤシ（全草）131、スベリヒユ（全草）50、セイロンベンケイ（葉）100、ツユクサ（全草）106、ツワブキ（葉）48、ニラ（茎葉）136、ニンニク（鱗茎）110、ユキノシタ（葉）126、ヨモギ（葉）40、ラッキョウ（鱗茎）141
●子宮筋腫：ハマゴウ（種子）114
●子宮出血：インドヨメナ（葉、全草）130、カラムシ（根）、クチナシ（果実）95、チガヤ（根茎、全草）103、ヨモギ（葉）40、慢性的で少量の子宮出血：カンキョウ（根）98
●子宮病：ウシハコベ（葉）74
●子宮嚢胞：ハマゴウ（種子）114
●子宮を摘出した女性：キダチアロエ（葉）92
●シスト（嚢胞）：セイヨウタンポポ（根）56
●歯槽膿漏の予防：ウシハコベ（葉）74
●下腹の腫瘤：モモ（種子）121
●湿疹：アロエベラ（葉の汁）129、アカメガシワ（葉）76、ウシハコベ（葉）74、ガジュマル（樹皮、葉）、カタバミ（葉）44、ギシギシ（根）60、キダチアロエ（葉）92、クマツヅラ（全草）72、ゲッキツ（葉）97、シマニシキソウ（汁）133、セイヨウタンポポ（根）56、ツユクサ（全草）、ツワブキ（葉）48、ニガウリ（葉）109、パパイヤ（果実）137、モモ（葉）121、ユキノシタ（葉）126、ヨモギ（葉）40
●歯痛：ウコン（根茎）83、ウシハコベ（葉）74、トウガラシ（果実）108（外用薬として）、ムラサキカタバミ（全草）45、ヨモギ（葉）40
●しみ：ヘチマ水 118
●しもやけ：アメリカフウロ（全草）128、ツワブキ（葉）48、ヘクソカズラ（果実）113
●十二指腸潰瘍：アカメガシワ（樹皮）76、ツルナ（全草）68
●十二指腸虫：：ニンニク（鱗茎）110
●出血：アキノワスレグサ（根）80、オオバコ（葉）42、ガジュマル（木の汁）89、カタバミ（葉）44、クチナシ（果実）95、チドメグサ（茎葉）104、外傷出血などあらゆる出血：タカサブロウ（全草）102
●腫瘍：クマツヅラ（全草）72
●消化不良：アカメガシワ（樹皮）76、アロエベラ（葉の汁）129、ウコン（根茎）83、オオバコ（葉、種子）42、キダチアロエ（葉）92、クサトベラ（葉）94、ゲットウ（種子）64、シークヮーサー（熟した果皮）122、シロノセンダングサ（全草）58、セイヨウタンポポ（根）56、トウガラシ（果実）108、ニガウリ（果実）109、ニンニク（鱗茎）110、ホソバワダン（葉）66、ハマスゲ（根塊）70、パパイヤ（果実）137、ヒハツモドキ（果実）138、ビワ（葉）116、ムラサキオモト（葉）139、ヨモギ（葉）40、ラッキョウ（鱗茎）141
●条虫（サナダムシ）：ザクロ（果実、果皮、葉）132
●食あたり：ツワブキ（茎葉、根茎）48
●食欲不振：アキノワスレグサ（根）80、ウコン（根茎）83、ゲットウ（種子）64、シークヮーサー（熟した果皮）122、トウガラシ（果実）108、ニンニク（鱗茎）110、ビワ（葉）116、食欲低下：ウイキョウ（種子）86、パパイヤ（果実）137 ショウガ（根）98
●ショック：クマツヅラ（全草）72
●しらくも：ガジュマル（茎）89、ギシギシ（根）60、シマニシキソウ（汁）133、ショウガ（根）98、ヘチマ水 118、ホウセンカ（葉）119
●白や透明の鼻水：ショウガ（根）98
●シワ：アロエベラ（葉の汁）129
●腎炎：シマグワ（葉、枝、根皮）52、セイヨウタンポポ（根）56、チガヤ（根、茎）103、ムラサキカタバミ（全草）45、軽い腎炎：カラムシ（根）、急性腎炎：シロノセンダングサ（全草）58
●真菌：ヨモギ（葉）40
●腎臓結石：オオバコ（葉、種子）42、セイヨウタンポポ（根）56、チドメグサ（全草）104
●神経過労：ニラ（茎葉）136
●神経系疾患一般：ツボクサ（根、葉）
●神経系症状：ニンニク（鱗茎）110、ヨモギ（葉）40、肝臓機能障害による神経系症状：クマツヅラ（全草）72
●神経系の強壮：ツボクサ（根）

48、ホウセンカ（全草）119、ヨモギ（葉）40、風邪時の発熱や咳：ガジュマル、風邪の予防：ニンニク(鱗茎) 110、風邪による熱:インドヨメナ(葉、全草) 130、風邪の初期：ショウガ（根）98、ツルムラサキ（葉）107、風邪のひき始めの熱：ハイビスカス（花、葉）112
●肩こり：ショウガ（根）98、トウガラシ（果実）108（外用薬として）、ハマゴウ（種子）114、ヨモギ（葉）40
●肩の痛み：ウコン（根茎）83、グアバ（葉、樹皮）93
●かぶれ：アカメガシワ（葉）76、ガジュマル（樹皮、葉）、ツユクサ（全草）106、ユキノシタ（葉）126、漆かぶれ：ユキノシタ（葉）126
●脚気：ウイキョウ（種子）86、ウシハコベ（葉）74、クサトベラ（葉）94、ツユクサ（全草）106、バナナ（葉）81、ビワ（葉）116、ヘクソカズラ（全草、根茎）113
●乾いてざらざらした頭皮：ウシハコベ（葉）74
●肝炎：アカメガシワ（樹皮）76、ウコン（根茎）83、オオバコ（葉）42、ギシギシ（根、茎）60、クチナシ（葉、果実）95、クマツヅラ（全草）72、セイヨウタンポポ（根）56、ツボクサ（葉、根）105、ツユクサ（全草）、黄疸型肝炎：シロノセンダングサ（全草）58
●肝硬変:クマツヅラ（全草）72、クミスクチン（全草）96
●関節炎:ウコン（根茎）83、ウコンイソマツ（茎葉）88:ガジュマル（気根）89、キダチアロエ（葉）92、クミスクチン（葉、全草）96、セイロンベンケイ（葉）100、ツルムラサキ（葉）107、シマグワ（枝）52、多湿による関節の腫れや痛み：オオイタビ（茎枝）62
●関節痛：ショウガ（根）98、ハマゴウ（種子）114、ヒハツモドキ（果実）138、関節炎など全身の炎症：セイヨウタンポポ（根）56
●乾癬：イボタクサギ（葉）82、ウシハコベ（葉）74
●頑癬：ギシギシ（根）60
●肝臓機能障害：クマツヅラ（全草）72
●肝臓機能促進；セイヨウタンポポ（根）56
●肝臓病：オオイタビ（茎葉）62、オオバコ（葉）42、ウイキョウ（葉）86、ウコン（根茎）83、ウコンイソマツ（根茎）88、クチナシ（葉、果実）95、パパイヤ（果実）137、ビワ（葉）116
●ガンの予防：ニンニク（鱗茎）110
●眼病:オオバコ（全草、種子）42、ガジュマル（気根、葉）89

●き

●記憶力や集中力増強：ツボクサ（葉、根）105
●気管支炎：シークヮーサー（熟した果皮）122、ニンニク（鱗茎）110、ヤブラン（球根）140、ヨモギ（葉）40
●気管支喘息:ウイキョウ(種子) 86、オオバコ(葉) 42、カラムシ（根）、コメツブウマゴヤシ（全草）131、シークヮーサー（熟した果皮）122、シマグワ（葉、根皮）52、チガヤ（根茎）103、ツユクサ（全草）、ニラ（葉）136、ニンニク（鱗茎）110、ハイビスカス（花、葉）112、パパイヤ（果実）137、ホウセンカ(全草) 119、ボタンボウフウ(全草) 120、ヤブラン（球根）140、ヨモギ（葉）40、ラッキョウ（鱗茎）141
●寄生虫:アロエベラ（葉の汁）129、ヨモギ（葉）40、寄生虫による小児の栄養不良:アロエベラ（葉の汁）129、寄生虫による腹痛：ザクロ（果実、果皮、葉）132
●寄生虫による小児の栄養不良：アロエベラ（葉の汁）
●気分の移り変わり：ハマスゲ（根塊）70
●傷：ウコン（根茎）83、オオバコ（葉）42、セイロンベンケイ（葉）100、ツボクサ（葉）105
●急性結膜炎：シマグワ（葉）52、クチナシ（果実）95、セイヨウタンポポ（根）56
●急性熱病：セイヨウタンポポ（根）56
●強壮：ウマゴヤシ（茎葉）、オオバコ（葉）42
●ぎょう虫:ザクロ（果実、葉）132、ニンニク（鱗茎）110
●胸痛：クチナシ（果実）95
●虚弱：アキノワスレグサ（根）80、セイヨウタンポポ（根）56
●切り傷：オオバコ（葉）42、キダチアロエ（葉）92、クチナシ（果実）95、ツワブキ（葉）48、ニラ（葉）、ヨモギ（葉）40
●筋肉痛：キダチアロエ（葉）92、ショウガ（根）98、トウガラシ（果実）108（外用薬として）
●筋肉のけいれん：ウイキョウ（種子）86、冷えによる筋肉けいれん：カンキョウ（根）98
●筋肉のこわばり：オオイタビ（茎、枝）62

●く

●口の渇き:シマグワ(果実) 52、チガヤ(根、根茎) 103、ビワ（葉）116

●け

●けいれん：トウガラシ（果実）108（外用薬として）、ヨモギ（葉）40、ニンニク（鱗茎）110
●下血：ヨモギ（葉）40
●化粧水：ヘチマ水 118
●血管の詰まり：ニンニク（鱗茎）110
●月経過多:ウコン(根茎) 83、ウコンイソマツ(根) 88、ザクロ（果皮）132、ハマゴウ（種子）114、ヘチマ（果実）118
●月経困難：カラムシ（根）
●月経不順：アメリカフウロ（全草）128、カラムシ（根）、クマツヅラ（全草）72、ゲッキツ（茎葉）97、チガヤ（根茎、全草）103、ハマスゲ（根塊）70、ハマゴウ（種子）114、ホウセンカ（種子、全草、花）119、モモ（種子）121、ヨモギ（葉）40
●月経前症候群：アロエベラ（葉の汁）129、キダチアロエ（葉）92、イライラやうつ病などの月経前症候群：ハマゴウ（種子）114
●血行不良：ショウガ（根）98、ニンニク（鱗茎）110、ヘクソカズラ（果実）113
●血中の鉄分不足：ギシギシ（根、茎）60
●血尿:ウコンイソマツ（根）88、カラムシ（葉、根）91、ギシギシ（根）60、クチナシ（果実）95、タカサブロウ（全草）102、チガヤ（根茎、全草）103、ツボクサ（葉）105、ニラ（茎葉）136、ムラサキオモト（葉）139
●血便：ウコンイソマツ（根）88、ギシギシ（根）60、ツボクサ（葉）105、ムラサキオモト（葉）139
●げっぷ：グアバ（芯）93、シークヮーサー（熟した果皮）122、ニンニク（鱗茎）110
●下痢：アメリカフウロ（全草）128、カンキョウ（根）98、グアバ（葉）93、クサトベラ（葉）94、ゲッキツ（茎葉）97、ゲットウ（種子）64、シークヮーサー（熟した果皮）122、ショウガ（根）98、シロノセンダングサ（全草）58、スベリヒユ（茎葉）50、ビワ（葉）116、ヘクソカズラ（根、根茎）113、ホソバワダン（葉）66、ヨモギ（葉）40、ラッキョウ（鱗茎）141、高温多湿による下

ラ（果実）113
●あせも：アカメガシワ（葉）76、イボタクサギ（全草）82、クマツヅラ（全草）72、ニガウリ（葉）109、ビワ（葉）116、モモ（葉）121、ヨモギ（葉）40
●アトピー性皮膚炎：オニタビラコ（葉）54
●頭のふらつき：シマグワ（葉）52、タカサブロウ（全草）102
●アメーバ赤痢：ザクロ（果実、果皮、葉）132、ニンニク（鱗茎）110
●アレルギー性鼻炎：ハマゴウ（種子）114

●い
●胃炎：ウシハコベ（葉）74、ウコン（根茎）83、セイヨウタンポポ（根）56、ツルナ（全草）68、神経性胃炎：ハマスゲ（根塊）70、慢性胃炎：ハマスゲ（根塊）70
●胃潰瘍：アカメガシワ（樹皮）76、アロエベラ（葉の汁）129、クチナシ（果実）95、ツルナ（全草）68、トウガラシ（果実）108、ヒハツモドキ（果実）138、ホソバワダン（根）66
●怒り：クマツヅラ（全草）72、怒りっぽいなどの症状：シークヮーサー（青皮）122
●胃ガン：アカメガシワ（樹皮）76、ツルナ（全草）68、食道ガンの予防：ツルナ（全草）68
●胃けいれん：ガジュマル（樹皮、気根）89、グアバ（葉）93、ツワブキ（根）48、ヘクソカズラ（全草、根）113、ホソバワダン（葉、根）66、ヨモギ（葉）40
●胃酸過多：アカメガシワ（樹皮）76、ツルナ（全草）68
●胃弱：アロエベラ（葉の汁）129、ウコン（根茎）83、シークヮーサー（熟した果皮）122、セイヨウタンポポ（根）56、ツルナ（全草）68、ニガウリ（果実）109、ニンニク（鱗茎）110、パパイヤ（果実）137、消化器官の衰弱：ウイキョウ（種子）86
●遺精：ニラ（種子）
●痛み：アキノワスレグサ（根）80、オオバコ（種子）42、クチナシ（果実）95、ゲッキツ（葉）97、ショウガ（根）98、ツボクサ（根）、トウガラシ（果実）108（外用薬として）、ビワ（葉）116、ヨモギ（葉）40、腰、脇、腹の引きつるような痛み：ホウセンカ（花）119、ヨモギ（葉）40、寒さによる痛み：ウイキョウ（種子）86、胸、背、および腰部の外傷性疼痛：ツボクサ（葉）105、胸やお腹やわき腹の痛み：ウコン（根茎）83、胸や脇の痛み：シークヮーサー（葉、青皮）122
●胃腸炎：カンキョウ（根）98、ラッキョウ（鱗茎）141
●胃腸病：ウシハコベ（葉）74、ゲッキツ（茎葉）97、ニンニク（鱗茎）110、ビワ（葉）116、熱性の胃腸病：ニガウリ（果実）109
●胃腸の不調：ウイキョウ（種子）86、ウマゴヤシ（葉）131、ニラ（茎葉）136、ヨモギ（葉）40、胃腸の不調や痛み：ウコン（根茎）83
●胃痛：クチナシ（果実）95、セイロンベンケイ（葉）100、シロノセンダングサ（全草）58、パパイヤ（果実）137
●胃の冷え：カンキョウ（根）98
●胃のもたれ：ウイキョウ（種子）86
●イボ：シマニシキソウ（汁）133、スベリヒユ（茎葉）50
●イライラ：アキノワスレグサ（根、葉、花）80、アロエベラ（葉の汁）129、クチナシ（果実）95、シークヮーサー（青皮）122
●インフルエンザ：クマツヅラ（全草）72、ヨモギ（葉）40、インフルエンザの初期：ショウガ（根）98
●陰部のかゆみ：ギシギシ（根）60
●インポテンツ：ニラ（種子）

●う
●打身打撲：ウコン（根茎）83、ガジュマル（気根）89、カラムシ（茎葉）、グアバ（葉）93、クチナシ（果実）95、ショウガ（根）98、セイロンベンケイ（葉）100、ソクズ（葉）101、ツボクサ（葉）105、ツルムラサキ（茎葉）107、ツワブキ（葉）48、テッポウユリ（鱗茎）135、ムラサキオモト（葉）139、モモ（種子）121、ビワ（葉）116、ヨモギ（葉）40
●薄毛：タカサブロウ（全草）102、ツボクサ（根）105
●うつ病：クチナシ（果実）95、トウガラシ（果実）108 ハマスゲ（根塊）70
●うるしかぶれ：ニラ（葉）、うるしまけ：ツワブキ（葉）48
●運動障害：シマグワ（枝）52

●え
●炎症：ウコン（根茎）83、ウコンイソマツ 88、セイヨウタンポポ（根）56、出血を伴う炎症：クチナシ（果実）95

●お
●嘔吐：ウイキョウ（種子）86、オオバコ（種子）42、カンキョウ（根）98、シークヮーサー（熟した果皮）122、ショウガ（根）98、ビワ（葉）116、シークヮーサー（熟した果皮）122、トウガラシ（果実）108、ハマスゲ（根塊）70、抗癌剤による吐気：ショウガ（根）98、魚やカニの中毒による嘔吐や下痢：ショウガ（根）98
●黄疸：アキノワスレグサ（根）80、ウコン（根茎）83、ウマゴヤシ（葉）131、オオバコ（葉）42、ギシギシ（根、茎）60、クチナシ（葉、果実）95、クマツヅラ（全草）72、セイヨウタンポポ（根）56、ツボクサ（葉、根）105、ツルムラサキ（全草）107、パパイヤ（果実）137、ヨモギ（葉）40
●おたふく風邪：ウコン（根茎）83
●おでき：ウコン（根茎）83、オオバコ（葉）42、ガジュマル（茎）89、ゲッキツ（茎葉）97、シマニシキソウ（汁）133、セイロンベンケイ（葉）100、ツルムラサキ（葉）107、ツワブキ（葉）48、ハイビスカス（花、葉）112、ホソバワダン（葉）66、ニンニク（鱗茎）110、モモ（葉）121
●帯下：カラムシ（根）、ヨモギ（葉）40、赤白色の帯下：スベリヒユ（茎葉）50、ニンニク（鱗茎）110、白帯：ビワ（葉）116、ニラ（種子）

●か
●外傷：バナナ（葉）81
●疥癬：イボタクサギ（葉）82、カタバミ（葉）44、ギシギシ（根）60、スベリヒユ（茎葉）50、ヨモギ（葉）40
●回虫：ザクロ（果皮）132、ニンニク（鱗茎）110
●過剰思考：ツボクサ（葉）105
●過剰性欲：ハマゴウ（種子）114
●過剰な皮下脂肪：ウシハコベ（葉）74
●ガス：ウイキョウ（種子）86、ウコン（根茎）83、シークヮーサー（熟した果皮）122、トウガラシ（果実）108 ハマスゲ（根塊）70
●風邪：クマツヅラ（全草）72、セイヨウタンポポ（根）56、チガヤ（根茎）103、ツワブキ（根）

●乳腺炎（乳房の腫れ）：カラムシ（根）91、クマツヅラ（全草）72、シークヮーサー（葉、青皮）122、セイヨウタンポポ（根）56、ヤブガラシ（根）124
●妊婦の食欲低下：ハマスゲ（根塊）70
●婦人のヒステリー：ハマスゲ（根塊）70
●婦人の憂鬱：ハマスゲ（根塊）70
●婦人の腰痛：ヘチマ（果実）118
●不妊症：ハマゴウ（種子）114、ヨモギ（葉）40
●母乳不足：ウシハコベ（葉）74、セイヨウタンポポ（根、全草）
●無月経：ウコン（根茎）83、カンキョウ（根）98、モモ（種子）121、ホウセンカ（種子、全草、花）119
●流産予防：ヨモギ（葉）40

●子供の病気・症状に効く

●おたふく風邪：ウコン（根茎）83
●寄生虫による小児の栄養不良：アロエベラ（葉の汁）129
●頭部脂漏性皮膚炎：ギシギシ（根）60
●はしか：セイヨウタンポポ（根）56、はしかの発疹期や回復期の高熱：チガヤ（根、根茎）103
●ひきつけ：ツワブキ（葉）48、ユキノシタ（葉）126
●百日咳：チガヤ（根茎）103、ビワ（葉）116、ボタンボウフウ（全草）120、ヤブラン（球根）140
●三日はしか：ツボクサ（葉）105
●水ぼうそう：セイヨウタンポポ（根）56
●夜尿症：ニラ（種子）136

●その他・全身の病気・症状に効く

●痛み：アキノワスレグサ（根）80、オオバコ（種子）42、クチナシ（果実）95、ゲッキツ（葉）97、ショウガ（根）98、ツボクサ（根）、トウガラシ（果実）108（外用薬として）、ビワ（葉）116、ヨモギ（葉）40、腰、脇、腹の引きつるような痛み：ホウセンカ（花）119、ヨモギ（葉）40、寒さによる痛み：ウイキョウ（種子）86、胸、背、および腰部の外傷性疼痛：ツボクサ（葉）105、胸やお腹やわき腹の痛み：ウコン（根茎）83、胸や脇の痛み：シークヮーサー（葉、青皮）122
●炎症：ウコン（根茎）83、ウコンイソマツ、セイヨウタンポポ（根）56、出血を伴う炎症：クチナシ（果実）95
●過剰な皮下脂肪：ウシハコベ（葉）74
●強壮：ウマゴヤシ（茎葉）131、オオバコ（葉）42
●急性熱病：セイヨウタンポポ（根）56
●虚弱：アキノワスレグサ（根）80、セイヨウタンポポ（根）56
●けいれん：トウガラシ（果実）108（外用薬として）、ヨモギ（葉）40、ニンニク（鱗茎）110
●出血：アキノワスレグサ（根）80、オオバコ（葉）42、ガジュマル（木の汁）89、カタバミ（葉）44、クチナシ（果実）95、チドメグサ（茎葉）104、外傷出血などあらゆる出血：タカサブロウ（全草）102
●体力低下：シマグワ（葉）52、ニンニク（鱗茎）110、活力不足：トウガラシ（果実）108、滋養強壮：ボタンボウフウ（葉）120、ヤブラン（球根）140
●中毒：魚の中毒：クサトベラ（葉、茎）94、ツワブキ（茎葉、根茎）48、トウガラシ（果実）108、ニンニク（鱗茎）110、ホウセンカ（葉、種子）、魚中毒の予防：ボタンボウフウ（葉）120、魚やカニの中毒による嘔吐や下痢：ショウガ（根）98、フグやカツオの中毒：ツワブキ（茎葉、根茎）48
●動物に咬まれたとき：蛇に咬まれたとき：カラムシ（根）、カタバミ（全草）44、ツユクサ（花、葉）106、犬咬傷：ショウガ（根）98、ハチやムカデの咬傷：ヤブガラシ（根茎）124
●吐血：シマグワ（葉）52、タカサブロウ（全草）102、ヨモギ（葉）40、軽度の吐血：シマグワ（葉）52、ニラ（茎葉）136、チガヤ（根茎、全草）103、喀血：インドヨメナ（葉、全草）130、カタバミ（葉、全草）44、カラムシ（葉、根）91、ギシギシ（根）60、クチナシ（果実）95、タカサブロウ（全草）102、テッポウユリ（鱗茎）135
●夏バテ：ニラ（茎葉）136、ニガウリ（果実）109、ハイビスカス（花）112、暑気払い：ビワ（葉）116
●熱病系の病気：クチナシ（果実）95
●熱病による心煩：クチナシ（果実）95
●のどに刺さった魚や肉の骨抜き：カラムシ（根）、小骨が咽喉に刺さったとき：ホウセンカ（汁）119
●乗り物酔い：ショウガ（根）98
●破傷風：ニンニク（鱗茎）110
●発熱：ウイキョウ（葉）86、ウコンイソマツ（茎葉）88、オオイタビ（根茎）62、オオバコ（葉）42、クチナシ（果実）95、クマツヅラ（全草）72、シマグワ（葉）52、ショウガ（根）98、セイヨウタンポポ（根）56、セイロンベンケイ（葉）100、チガヤ（根、根茎）103、ツボクサ（葉）105、ツルムラサキ（茎葉）、ツルソバ（全草）、ツワブキ（全草）48、ニンニク（鱗茎）110、ユキノシタ（葉）126、ヨモギ（葉）40、風邪の初期の熱：ハイビスカス（花、葉）112、ユキノシタ（葉）126、風邪などの発熱：ホソバワダン（葉）66、風邪による熱：イトバショウ（茎）、インドヨメナ（葉、全草）130、ツユクサ（全草）、ニンニク（鱗茎）110、バナナ（根、茎）81、ボタンボウフウ（全草）120、風邪による発熱や頭痛：ハマゴウ（種子）114、悪性の熱：ツボクサ（葉）105、風邪時の軽い発熱：チドメグサ（全草）104、夏負けの発熱：ニガウリ（果実）109
●冷え症：ソクズ（全草）101、ニラ（茎葉）136、ニンニク（鱗茎）110、ヨモギ（葉）40、足先の冷え：トウガラシ（果実）108（外用薬として）、カンキョウ（根）98、足の冷え：ショウガ（根）98、四肢の冷え：ウイキョウ（種子）86
●疲労：アキノワスレグサ（根）80、シマグワ（葉）52、ニンニク（鱗茎）110、ニラ（茎葉）136
●不眠症：アキノワスレグサ（根、葉、花）80、ウイキョウ（葉）86、クチナシ（果実）95、シマグワ（果実）52、ツボクサ（根）、テッポウユリ（鱗茎）135、ニンニク（鱗茎）110、ビワ（葉）116 ヨモギ（葉）40、高熱で落ち着きがないとき：クチナシ（果実）95
●めまい：アロエベラ（葉の汁）129、オオバコ（全草、種子）42、クチナシ（果実）95、シマグワ（果実）52、タカサブロウ（全草）102、ハマゴウ（種子）114、めまいや出血：シマグワ（葉）52
●薬物アレルギー：オニタビラコ（葉）54

＜病気・症状・薬効別索引（50音順）＞

●あ

●あかぎれ：キダチアロエ（葉）92、ヘクソカズ

●腫れもの：頭瘡アカメガシワ（葉）76、アメリカフウロ（全草）128、アロエベラ（葉の汁）129、インドヨメナ（葉、全草）130、ウコン（根茎）83、ウシハコベ（葉）74、オオバコ（葉）42、オニタビラコ（葉）54、ギシギシ（葉）60、クマツヅラ（全草）72、シロノセンダングサ（全草）58、スベリヒユ（茎葉）50、セイヨウタンポポ（根）56、セイロンベンケイ（葉）100、ツボクサ（葉）105、ツユクサ（全草）、ツワブキ（葉）48、テッポウユリ（鱗茎）135、ニンニク（鱗茎）110、ハイビスカス（花、葉）112、バナナ（葉）81、ヤブガラシ（根茎）124、ビワ（葉）116、ホウセンカ（葉）119、ホソバワダン（葉）66、ユキノシタ（葉）126、腫れものの吸い出し：ツルソバ（葉）、腫れものの痛み止め:ゲッキツ（茎葉）97
●発疹：セイヨウタンポポ（根）56
●ひび:キダチアロエ（葉）92、ヘクソカズラ（果実）113
●皮膚感染症：ヨモギ（葉）40、皮膚真菌：アロエベラ（葉の汁）129
●皮膚化膿症:オオバコ（葉）42、オオイタビ（全草）62、カラムシ（根）、ギシギシ（根）60、クマツヅラ（全草）72、ツユクサ（全草）106、ツワブキ（葉）48、皮膚化膿症の初期:ニンニク（鱗茎）110
●皮膚病一般：アロエベラ（葉の汁）129、ハマゴウ（種子、茎葉）114
●皮膚の炎症：オオバコ（葉）42
●皮膚のかゆみ：アカメガシワ（葉）76、アロエベラ（葉の汁）129、ウシハコベ（葉）74、ゲッキツ（茎葉）97、シマニシキソウ（汁）133、タカサブロウ（全草）102、ユキノシタ（葉）126、ヨモギ（葉）40 激しいかゆみ：オニタビラコ（葉）54
●皮膚の出血：アキノワスレグサ（根）80、オオバコ(葉) 42、ガジュマル(木の汁) 89、カタバミ(葉) 44、カラムシ（葉、根）91、ギシギシ（根）60、クチナシ（果実）95、チガヤ（根、花穂）103、チドメグサ（茎葉）104、ツボクサ（葉）105、ツワブキ（葉）48、トウガラシ（果実）108、セイロンベンケイ（葉）100、ニラ（葉）、皮下出血:ギシギシ（根）60、カラムシ（葉、根）91、ヨモギ（葉）40
出血を伴う炎症クチナシ（果実）95、外傷出血などあらゆる出血：タカサブロウ（全草）102
●日焼け止め・日焼け後のケア：ヘチマ水 118
●吹き出物：モモ（葉）121、オオバコ（葉）42
●フケ：ウシハコベ（葉）74
●ヘルペス：アロエベラ（葉の汁）129
●ニキビ:アロエベラ(葉の汁) 129、ギシギシ(根) 60、クマツヅラ（全草）72、スベリヒユ（茎葉）50、パパイヤ（果実）137
●捻挫：クチナシ（果実）95、ソクズ（葉）101、ツワブキ（葉）48、ビワ（葉）116
●水虫(汗疱状白癬)：カラムシ(根)、ギシギシ(根、茎) 60、ゲッキツ（葉）97、シマニシキソウ（汁）133、ニンニク（鱗茎）110、ホウセンカ（全草、葉）119、ヨモギ（葉）40
●虫さされ：アロエベラ（葉の汁）129、ガジュマル（気根）89、カタバミ（葉）44、キダチアロエ（葉）92 スベリヒユ（茎葉）50、セイロンベンケイ（葉）100、ニンニク（鱗茎）110、ツボクサ（葉）105、ツユクサ（葉）106、ホウセンカ（葉）119、ヤブガラシ（根茎）124、ヨモギ（葉）40、蚊さされウシハコベ（葉）74
●薬疹：オニタビラコ（葉）54
●やけど：アロエベラ（葉の汁）129、オオバコ（葉）42、カタバミ（全草）44、キダチアロエ（葉）92、クチナシ（果実）95、ツボクサ（葉）105、ツワブキ（葉）48、ムラサキカタバミ（全草）45、ニンニク（鱗茎）110、ニラ（葉）、軽いやけど:セイロンベンケイ（葉）100、ヘチマ水 118、ユキノシタ（葉）126
●老人性皮膚瘙痒症：オニタビラコ（葉）54

●腫瘍・ガンの病気・症状に効く

●ガンの予防：ニンニク（鱗茎）110
●下腹の腫瘤：モモ（種子）121
●腫瘍：クマツヅラ（全草）72
●乳房の腫瘍：セイヨウタンポポ（根）56

●産婦人科の病気・症状に効く

●陰部のかゆみ：ニンニク（鱗茎）110
●帯下：カラムシ（根）、ヨモギ（葉）40、赤白色の帯下:スベリヒユ（茎葉）50、ニンニク（鱗茎）110、白帯：ビワ（葉）116、ニラ（種子）
●過剰性欲：ハマゴウ（種子）114
●月経過多:ウコン(根茎) 83、ウコンイソマツ(根) 88、ザクロ（果皮）132、ハマゴウ（種子）114、ヘチマ（果実）118
●月経困難：カラムシ（根）91
●月経不順：アメリカフウロ（全草）128、カラムシ（根）、クマツヅラ（全草）72、ゲッキツ（茎葉）97、チガヤ（根茎、全草）103、ハマスゲ（根塊）70、ハマゴウ（種子）114、ホウセンカ（種子、全草、花）119、モモ（種子）121、ヨモギ（葉）40
●月経前症候群：アロエベラ（葉の汁）129、キダチアロエ（葉）92、イライラやうつ病などの月経前症候群：ハマゴウ（種子）114
●更年期障害:キダチアロエ(葉) 92、ハマスゲ(根塊) 70
●催乳：パパイヤ（果実）137、ヤブラン（球根）140
●産後のおりものや出血：モモ（種子）121
●産後の浄血：ウシハコベ（葉）74
●産後の腹痛：ガジュマル（樹皮、気根）89、ホウセンカ（種子、全草、花）119
●子宮筋腫：ハマゴウ（種子）114
●子宮出血：インドヨメナ（葉、全草）130、カラムシ（根）91、クチナシ（果実）95、チガヤ（根茎、全草）103、ヨモギ（葉）40、慢性的で少量の子宮出血：カンキョウ（根）98
●子宮病：ウシハコベ（葉）74
●子宮嚢胞：ハマゴウ（種子）114
●子宮を摘出した女性：キダチアロエ（葉）92
●シスト（嚢胞）：セイヨウタンポポ（根）56
●生理痛：ウコン（根茎）83、クマツヅラ（全草）72、ハマゴウ（種子）114、ハマスゲ（根塊）70、ホウセンカ（種子、全草、花）119、モモ（種子）121、ヨモギ（葉）40
●切迫流産の性器出血：ヨモギ（葉）40
●早産：チガヤ（根茎、全草）103
●胎児不安定：カラムシ（根）、ヨモギ（葉）40
●胎熱による妊娠中の下腹痛：カラムシ（根）91
●乳の病：セイロンベンケイ（葉）100
●膣炎：ニンニク（鱗茎）110
●膣のイースト感染症：ヨモギ（葉）40
●乳房の塊：シークヮーサー（葉、青皮）122、ハマゴウ（種子）114、ハマスゲ（根塊）70
●乳房の腫瘍：セイヨウタンポポ（根）56
●乳房の膨満や過敏：ハマスゲ（根塊）70、ハマゴウ（種子）114

●骨・関節・筋肉の病気・症状に効く
●打身打撲：ウコン（根茎）83、ガジュマル（気根）89、カラムシ（茎葉）91、グアバ（葉）93、クチナシ（果実）95、ショウガ（根）98、セイロンベンケイ（葉）100、ソクズ（葉）101、ツボクサ（葉）105、ツルソバ（葉、根）、ツルムラサキ（茎葉）、ツワブキ（葉）48、テッポウユリ（鱗茎）135、ムラサキオモト（葉）139、モモ（種子）121、ビワ（葉）116、ヨモギ（葉）40
●運動障害：シマグワ（枝）52
●肩こり：ショウガ（根）98、トウガラシ（果実）108（外用薬として）、ハマゴウ（種子）114、ヨモギ（葉）40
●肩の痛み：ウコン（根茎）83、グアバ（葉、樹皮）93
●関節炎：ウコン（根茎）83、ウコンイソマツ（茎葉）88：ガジュマル（気根）89、キダチアロエ（葉）92、クミスクチン（葉、全草）96、セイロンベンケイ（葉）100、ツルムラサキ（葉）107、シマグワ（枝）52、多湿による関節の腫れや痛み：オオイタビ（茎枝）62
●関節痛：ショウガ（根）98、ハマゴウ（種子）114、ヒハツモドキ（果実）138、関節炎など全身の炎症：セイヨウタンポポ（根）56
●筋肉痛：キダチアロエ（葉）92、ショウガ（根）98、トウガラシ（果実）108（外用薬として）
●筋肉のけいれん：ウイキョウ（種子）86、冷えによる筋肉けいれん：カンキョウ（根）98
●筋肉のこわばり：オオイタビ（茎、枝）62
●筋・骨のひきつり：ハマゴウ（種子）114
●腰膝痛：タカサブロウ（全草）102、ヨモギ（葉）40
腰膝冷痛：ニラ（種子）
●捻挫：クチナシ（果実）95、ソクズ（葉）101、ツワブキ（葉）48、ビワ（葉）116
●婦人の腰痛：ヘチマ（果実）118
●ヘルニアの痛み：ウイキョウ（種子）86、ヘルニアの腫れや痛み：シークヮーサー（青皮）122
●腰痛：ウイキョウ（種子）86、オオイタビ（茎枝）62、クチナシ（果実）95、シークヮーサー（種子）122、ハマゴウ（種子）114、ヒハツモドキ（果実）138、ショウガ（根）98、ニンニク（鱗茎）110
●リュウマチ：オオイタビ（茎枝）62、クチナシ（果実）95、クミスクチン（葉、全草）96、シマグワ（枝）52、ショウガ（根）98、ソクズ（全草）101、トウガラシ（果実）108、ハマゴウ（種子）114、ボタンボウフウ（全草、根）120、ヨモギ（葉）40、リュウマチ性関節痛：ヤブガラシ（根）124、リュウマチによる関節炎：シロノセンダングサ（全草）58

●皮膚の病気に効く
●あかぎれ：キダチアロエ（葉）92、ヘクソカズラ（果実）113
●あせも：アカメガシワ（葉）76、イボタクサギ（全草）82、クマツヅラ（全草）72、ニガウリ（葉）109、ビワ（葉）116、モモ（葉）121、ヨモギ（葉）40
●アトピー性皮膚炎：オニタビラコ（葉）54
●イボ：シマニシキソウ（汁）133、スベリヒユ（茎葉）50
●打身打撲：ウコン（根茎）83、ガジュマル（気根）89、カラムシ（茎葉）91、グアバ（葉）93：クチナシ（果実）95、ショウガ（根）98、セイロンベンケイ（葉）100、ソクズ（葉）101、ツルソバ（葉、根）、ツボクサ（葉）105、ツルムラサキ（茎葉）、ツワブキ（葉）48、テッポウユリ（鱗茎）135、ビワ（葉）116、ムラサキオモト（葉）139：モモ（種子）121、ヨモギ（葉）40
●薄毛：タカサブロウ（全草）102：ツボクサ（根）
●うるしかぶれ：ニラ（葉）、うるしまけ：ツワブキ（葉）48
●おでき：ウコン（根茎）83、オオバコ（葉）42、ガジュマル（茎）、ゲッキツ（茎葉）97、シマニシキソウ（汁）133、セイロンベンケイ（葉）100、ツルムラサキ（葉）107、ツワブキ（葉）48、ハイビスカス（花、葉）112、ホソバワダン（葉）66、ニンニク（鱗茎）110、モモ（葉）121
●外傷：バナナ（葉）81
●疥癬：イボタクサギ（葉）82、カタバミ（葉）44、ギシギシ（根）60、スベリヒユ（茎葉）50、ヨモギ（葉）40
●かぶれ：アカメガシワ（葉）76、ガジュマル（樹皮、葉）、ツユクサ（全草）106、ユキノシタ（葉）126、漆かぶれ：ユキノシタ（葉）126
●乾いてざらざらした頭皮：ウシハコベ（葉）74
●乾癬：イボタクサギ（葉）82、ウシハコベ（葉）74
●頑癬：ギシギシ（根）60
●傷：ウコン（根茎）83、オオバコ（葉）42、セイロンベンケイ（葉）100、ツボクサ（葉）105
●切り傷：オオバコ（葉）42、キダチアロエ（葉）92、クチナシ（果実）95、ツワブキ（葉）48、ニラ（葉）、ヨモギ（葉）40
●化粧水：ヘチマ水 118
●田虫：ガジュマル（茎）、カタバミ（全草）44、ギシギシ（根、茎）60、ゲッキツ（葉）97、シマニシキソウ（汁）133、ハマゴウ（葉）114、ニラ（葉）、ニンニク（鱗茎）110
●しらくも：ガジュマル（茎）、ギシギシ（根）60、シマニシキソウ（汁）133、ショウガ（根）98、ヘチマ水 118、ホウセンカ（葉）119
●湿疹：アロエベラ（葉の汁）129、アカメガシワ（葉）76、ウシハコベ（葉）74、ガジュマル（樹皮、葉）、カタバミ（葉）44、ギシギシ（根）60、キダチアロエ（葉）92、クマツヅラ（全草）72、ゲッキツ（葉）97、シマニシキソウ（汁）133、セイヨウタンポポ（根）56、ツユクサ（全草）106、ツワブキ（葉）48、ツルソバ（全草）、ニガウリ（葉）109、パパイヤ（果実）137、モモ（葉）121、ユキノシタ（葉）126、ヨモギ（葉）40
●しみ：ヘチマ水 118
●しもやけ：アメリカフウロ（全草）128、ツワブキ（葉）48、ヘクソカズラ（果実）113
●シワ：アロエベラ（葉の汁）129
●じんましん：ウシハコベ（葉）74、モモ（葉）121、食べ物によるじんましん：オニタビラコ（葉）54
●すり傷：インドヨメナ（葉、全草）130、オオバコ（葉）42、キダチアロエ（葉）92、チガヤ（根、花穂）103
●早期白髪：シマグワ（果実）52、タカサブロウ（全草）102
●そばかす：ヘチマ水 118
●ただれ：アロエベラ（葉の汁）129、ツボクサ（葉）105
●凍傷：ユキノシタ（葉）126
●毒虫さされ：インドヨメナ（葉、全草）130、カタバミ（葉）44、スベリヒユ（茎葉）50、バナナ（葉）81、ショウガ（根）98、セイロンベンケイ（葉）100、ツワブキ（葉）48、ホウセンカ（花）119、ヤブガラシ（根茎）124
●肌荒れ：ヘチマ水 118

●鼻づまり：ショウガ（根）98、ハマゴウ（種子）114
●鼻水：ウイキョウ（種子）86
●飛蚊症：オオバコ（種子）42
●扁桃腺炎：ザクロ（果皮）132、セイヨウタンポポ（根）56、ツボクサ（根）、ツユクサ（全草、ツワブキ（根）48
●耳下の腫れ：ハイビスカス（花、葉）112
●耳痛：テッポウユリ（鱗茎）135、ニンニク（鱗茎）110
●耳鳴り：シマグワ（果実）52
●虫歯の予防：ウシハコベ（葉）74
●目の痛み：シマグワ（葉）52、ハマゴウ（種子）114
●目のかすみ：シマグワ（葉）52
●目の充血や腫れ：目の充血：アロエベラ（葉の汁）129、オオバコ（全草、種子）42、クチナシ（果実）95、シマグワ（葉）52、眼が赤くなって痛むとき：ニガウリ（果実）109、目の充血や腫れ：ハマゴウ（種子）114、目の腫れや痛み：ハイビスカス（花）112、眼の腫れ：セイヨウタンポポ（根）56
●目の疲れや視力低下：シマグワ（葉）52、視力減退：オオバコ（全草、種子）42
●ものもらい：オオバコ（葉）42
●夜盲症：ウマゴヤシ（根）131
●緑内障：オオバコ（全草、種子）42

●腎臓・泌尿器の病気・症状に効く

●血尿：ウコンイソマツ（根）88、カラムシ（葉、根）91、ギシギシ（根）60、クチナシ（果実）95、タカサブロウ（全草）102、チガヤ（根茎、全草）103、ツボクサ（葉）105、ニラ（茎葉）136、ムラサキオモト（葉）139
●五淋白濁：タマシダ（葉）134
●腎炎：シマグワ（葉、枝、根皮）、セイヨウタンポポ（根）56、チガヤ（根、茎）103、ムラサキカタバミ（全草）45、軽い腎炎：カラムシ（根）91、急性腎炎：シロノセンダングサ（全草）58
●腎臓結石：オオバコ（葉、種子）42、セイヨウタンポポ（根）56、チドメグサ（全草）104
●腎臓病：オオバコ（葉、種子）42、ウコン（根茎）83、ウシハコベ（葉）74、クミスクチン（全草）96、ソクズ（若芽、葉、根）101、チガヤ（根）、ツユクサ（全草）106、ビワ（葉）116、ヘクソカズラ（全草、根茎）113、ヘチマ（水、果実）118、ヨモギ（葉）40
●尿道炎：オオバコ（葉、種子）42、カニクサ（茎葉）90、スベリヒユ（全草）50、ソクズ（若芽、葉、根）101
●尿道結石：ウマゴヤシ（根）131、タマシダ（葉）134
●尿量減少：シマグワ（根皮）52
●排尿困難：カニクサ（茎葉）90、クチナシ（果実）95、シマグワ（根皮）52、セイヨウタンポポ（根）56、チガヤ（根、茎）103、ツユクサ（全草）
●排尿痛：ウイキョウ（種子）86、カニクサ（茎葉）90、カラムシ（根）91、クチナシ（果実）95、スベリヒユ（全草）50、セイヨウタンポポ（根）56、チガヤ（根、茎）103、ツユクサ（全草）106
●頻尿：ニラ（種子）
●膀胱炎：オオバコ（葉、種子）42、カニクサ（茎葉）90、クミスクチン（全草）96、シマグワ（葉、根皮）52、ザクロ（果実）132、シマグワ（枝）52、スベリヒユ（全草）50、セイヨウタンポポ（根）56、ソクズ（若芽、葉、根）101、チガヤ（根、茎）103、ツユクサ（全草）106、ヨモギ（葉）40
●膀胱結石：カニクサ（茎葉）90、ウマゴヤシ（全草）131、セイヨウタンポポ（根）56、ソクズ（若芽、葉、根）101
●むくみ：アキノワスレグサ（根）80、ウイキョウ（種子）86、ウシハコベ（葉）74、ウマゴヤシ（葉）131、オオバコ（葉、種子）42、カニクサ（茎葉）90、クミスクチン（全草）96、シマグワ（葉、枝、根皮）、スベリヒユ（全草）50、セイヨウタンポポ（根）56、ソクズ（根皮、全草）101、チガヤ（根、茎）103、チドメグサ（全草）104、ツユクサ（全草）、バナナ（葉）81、ビワ（葉）116、モモ（つぼみ、葉）121、ヨモギ（葉）40、顔のむくみ：シマグワ（根皮）52、軽いむくみ：ユキノシタ（葉）126、痔の痛み脚気などのむくみ：ヘチマ水 118、脚気（下腿浮腫）：シマグワ（枝）52
●利尿薬：ウマゴヤシ（葉）、ソクズ（根皮、全草）101、チドメグサ（全草）104、ビワ（葉）116、ヘチマ水 118
●淋病：オオバコ（葉）42、クチナシ（果実）95 スベリヒユ（全草）50、ツルムラサキ（全草）107、ビワ（葉）116

●内分泌・代謝の病気・症状に効く

●痛風：クミスクチン（全草）96、ヒハツモドキ（果実）138
●糖尿病：ヘチマ（水、果実）118、アロエベラ（葉の汁）129、オオイタビ（茎葉）62、オオバコ（葉）42、カタバミ（全草）44、グアバ（葉）93、クミスクチン（全草）96、ウコン（根茎）83、ビワ（葉）116

●血液とリンパの病気・症状に効く

●血行不良：ショウガ（根）98、ニンニク（鱗茎）110、ヘクソカズラ（果実）113
●血中の鉄分不足：ギシギシ（根、茎）60
●貧血：ギシギシ（根、茎）60、シマグワ（葉）52、スベリヒユ（全草）50、ヨモギ（葉）40
●リンパ腺腫：ニラ（根茎）136、ホソバワダン（葉）66

●寄生虫・感染症の病気・症状に効く

●アメーバ赤痢：ザクロ（果実、果皮、葉）132、ニンニク（鱗茎）110
●回虫：ザクロ（果皮）132、ニンニク（鱗茎）110
●ぎょう虫：ザクロ（果実、葉）、ニンニク（鱗茎）110
●寄生虫アロエベラ（葉の汁）129、ヨモギ（葉）40、寄生虫による小児の栄養不良：アロエベラ（葉の汁）129、寄生虫による腹痛：ザクロ（果実、果皮、葉）132
●細菌性下痢：ニンニク（鱗茎）110
●サルモネラ菌：ニンニク（鱗茎）110
●十二指腸虫：：ニンニク（鱗茎）110
●条虫（サナダムシ）：ザクロ（果実、果皮、葉）132
●真菌：ヨモギ（葉）40
●赤痢：グアバ（葉、果実）93、スベリヒユ（茎葉）50、ツワブキ（茎葉、根茎）48、熱性下痢（赤痢など）：ムラサキオモト（葉）139、痢病：イトバショウ（果実）81
●皮膚感染症：ヨモギ（葉）40
●皮膚真菌：アロエベラ（葉の汁）129
●ブドウ球菌：ニンニク（鱗茎）110
●マラリア：クマツヅラ（全草）72
●虫下し：グアバ（葉）93
●連鎖球菌：ニンニク（鱗茎）110

シマグワ（根皮）52、ウイキョウ（種子）86、シマグワ（葉）52、乾いた咳：テッポウユリ（鱗茎）135、咳血：カラムシ（葉、根）91、痰の出る咳：カラムシ（根）
●痰が多いとき：ウイキョウ（種子）86、オオバコ（葉、種子、根）42、ゲットウ（種子）64、シークヮーサー（熟した果皮）122、シマグワ（葉、根皮）52、ショウガ（根）98、ニラ（葉）、ビワ（葉）116、ヘチマ水 118、ヤブラン（球根）140、ヨモギ（葉）40、血の混じった痰：テッポウユリ（鱗茎）135、カンキョウ（根）98
●動悸：テッポウユリ（鱗茎）135
●肺炎：ニンニク（鱗茎）110、ムラサキオモト（葉）139、ヤブラン（球根）140
●肺結核：オオイタビ（葉）62、オオバコ（葉）42、ニンニク（鱗茎）110、ホウセンカ（全草）119、ヨモギ（葉）40
●肺病：ボタンボウフウ（葉、全草）120
●頻繁に出るしゃっくり：ビワ（葉）116
●胸苦しいなどの症状：ラッキョウ（鱗茎）141

●脳・脊髄・神経・心の病気・症状に効く

●頭のふらつき：シマグワ（葉）52、タカサブロウ（全草）102
●怒り：クマツヅラ（全草）72、怒りっぽいなどの症状：シークヮーサー（青皮）122
●イライラ：アキノワスレグサ（根、葉、花）80、アロエベラ（葉の汁）129、クチナシ（果実）95、シークヮーサー（青皮）122
●うつ病：クチナシ（果実）95、トウガラシ（果実）108、ハマスゲ（根塊）70
●過剰思考：ツボクサ（葉）105
●脚気：ウイキョウ（種子）86、ウシハコベ（葉）74、クサトベラ（葉）94、ツユクサ（全草）、バナナ（葉）81、ビワ（葉）116、ヘクソカズラ（全草、根茎）113
●記憶力や集中力増強：ツボクサ（葉、根）105
●気分の移り変わり：ハマスゲ（根塊）70
●胸痛：クチナシ（果実）95
●高熱で落ち着きがないとき：クチナシ（果実）95
●興奮：アキノワスレグサ（根、葉、花）80、クチナシ（果実）95
●坐骨神経痛：コメツブウマゴヤシ（全草）131
●ショック：クマツヅラ（全草）72
●神経過労：ニラ（茎葉）136
●神経系疾患一般：ツボクサ（根、葉）
●神経系症状：ニンニク（鱗茎）110、ヨモギ（葉）40、肝臓機能障害による神経系症状：クマツヅラ（全草）72
●神経系の強壮：ツボクサ（根）
●神経衰弱：テッポウユリ（鱗茎）135、神経疲労：クチナシ（果実）95
●神経痛：ガジュマル（気根）89、クチナシ（果実）95、ショウガ（根）98、ツルムラサキ（葉）107、トウガラシ（果実）108（外用薬として）、ニンニク（鱗茎）110、ハマゴウ（種子）114、ヘクソカズラ（果実）113、ボタンボウフウ（全草、根）120、ソクズ（全草）101、ヤブガラシ（根）124、ヨモギ（葉）40
●神経の高ぶり：テッポウユリ（鱗茎）135
●髄膜炎（脳膜炎）：ホウセンカ（汁）119
●ストレス：ツボクサ（根）105、ストレスによる潰瘍：ツボクサ（葉）105
●頭痛：アロエベラ（葉の汁）129、ウイキョウ（葉）86、クチナシ（果実）95、シマグワ（葉）52、ショウガ（根）98、トウガラシ（果実）108、ホウセンカ（汁）119、ホソバワダン（葉）66、ヨモギ（葉）40
●精神不安：ツボクサ（葉）105
●手足のしびれや麻痺や虚弱：ハマゴウ（種子）114、手足のしびれや痛み：シマグワ（枝）52、ひきつりや麻痺シマグワ（枝）52
●多夢：テッポウユリ（鱗茎）135
●熱病による心煩：クチナシ（果実）95
●脳卒中：ニンニク（鱗茎）110、脳卒中の予防：シマグワ（葉）52
●のぼせ：インドヨメナ（葉、全草）130、ウイキョウ（葉）86、オオイタビ（全草）62、カタバミ（全草）44、クミスクチン（葉、全草）96、ハマゴウ（種子）114、ビワ（葉）116
●婦人のヒステリー：ハマスゲ（根塊）70
●偏頭痛：ハマゴウ（種子）114
●麻痺：ニンニク（鱗茎）110
●憂鬱：シークヮーサー（青皮）122、婦人の憂鬱：ハマスゲ（根塊）70

●眼・耳・鼻・咽喉・歯・口の病気に効く

●アレルギー性鼻炎：ハマゴウ（種子）114
●眼病：オオバコ（全草、種子）42、ガジュマル（気根、葉）89
●急性結膜炎：シマグワ（葉）52、クチナシ（果実）95、セイヨウタンポポ（根）56
●口の渇き：シマグワ（果実）52、チガヤ（根、根茎）103、ビワ（葉）116
●口腔炎：カタバミ（全草）44
●口臭：カタバミ（全草）44、ザクロ（果汁、果皮）132
●口内炎：クチナシ（果実）95、ザクロ（果皮）132
●歯槽膿漏の予防：ウシハコベ（葉）74
●歯痛：ウコン（根茎）83、ウシハコベ（葉）74、トウガラシ（果実）108（外用薬として）、ムラサキカタバミ（全草）45、ヨモギ（葉）40
●白や透明の鼻水：ショウガ（根）98
●洗眼薬：ハイビスカス（花）112
●中耳炎：ハマゴウ（種子）114、ユキノシタ（葉）126、耳だれユキノシタ（葉）126 ハマゴウ（種子）114
●涙が多いとき：ハマゴウ（種子）114
●咽喉痛：ショウガ（根）98、ツユクサ（全草）、ツワブキ（根）48、テッポウユリ（鱗茎）135、ニンニク（鱗茎）110、ムラサキカタバミ（全草）45、ヨモギ（葉）40 咽頭炎：ザクロ（果皮）132、咽喉炎：トウガラシ（果実）108（外用薬として）、ツボクサ（根）105、チドメグサ（全草）104、咽喉の痛み：ガジュマル（気根）89、咽喉の赤い腫れ：セイヨウタンポポ（根）56、咽喉の腫れや痛み：オオイタビ（全草）62、シロノセンダングサ（全草）58
●咽喉に刺さった魚や肉の骨抜き：カラムシ（根）91、小骨が咽喉に刺さったとき：ホウセンカ（汁）119
●咽喉の乾燥感：ビワ（葉）116
●歯茎からの出血：チドメグサ（全草）104
●歯茎の出血：ウシハコベ（葉）74
●歯茎の腫脹：ハマゴウ（種子）114
●歯のゆるみタカサブロウ（全草）102
●歯磨き粉：ウシハコベ（葉）74
●鼻血：オオバコ（葉）42、カタバミ（葉、全草）44、ギシギシ（根）60、クチナシ（果実）95 タカサブロウ（全草）102、チガヤ（根茎、全草）103、ツボクサ（葉）105、ニラ（茎葉）136、ヨモギ（葉）40

122、乳児や老人の激しい腹痛:ウイキョウ（種子）86、腹の張りや痛み:ウイキョウ（種子）86、胸・腹の冷痛や脹満（腹水によるふくれ）:ゲットウ（種子）64
●腹部のむくみや膨張：シークヮーサー（熟した果皮）122
●便秘:アメリカフウロ（全草）128、ギシギシ（根）60、キダチアロエ（葉）92、シマグワ（葉、果実）52、ツルムラサキ（葉）107、モモ（種子）121、パパイヤ（果実）137、習慣性便秘:アロエベラ（葉の汁）129
●胸やけ:ツルナ（全草）68、ホソバワダン（葉）66、ヨモギ（葉）40
●盲腸炎：ウシハコベ（葉）74、ゲッキツ（茎葉）97

●肝臓・胆道・胆嚢・膵臓の病気・症状に効く

●黄疸:アキノワスレグサ（根）80、ウコン（根茎）83、ウマゴヤシ（葉）、オオバコ（葉）42、ギシギシ（根、茎）60、クチナシ（葉、果実）95、クマツヅラ（全草）72、セイヨウタンポポ（根）56、ツボクサ（葉、根）105、ツルムラサキ（全草）107、パパイヤ（果実）137、ヨモギ（葉）40
●肝炎：アカメガシワ（樹皮）76、ウコン（根茎）83、オオバコ（葉）42、ギシギシ（根、茎）60、クチナシ（葉、果実）95、クマツヅラ（全草）72、セイヨウタンポポ（根）56、ツボクサ（葉、根）105、ツユクサ（全草）106、黄疸型肝炎：シロノセンダングサ（全草）58
●肝硬変:クマツヅラ（全草）72、クミスクチン（全草）96
●肝臓機能障害：クマツヅラ（全草）72
●肝臓機能促進；セイヨウタンポポ（根）56
●肝臓病:オオイタビ（茎葉）62、オオバコ（葉）42、ウイキョウ（葉）86、ウコン（根茎）83、ウコンイソマツ（根茎）88、クチナシ（葉、果実）95、パパイヤ（果実）137、ビワ（葉）116
●胆石症：ウコン（根茎）83
●胆嚢炎：ウコン（根茎）83
●熱性の肝臓症状：セイヨウタンポポ（根）56

●性器・肛門の病気・症状に効く

●遺精：ニラ（種子）
●陰部のかゆみ：ギシギシ（根）60
●インポテンツ：ニラ（種子）
●下血：ヨモギ（葉）40
●血尿:ウコンイソマツ（根）88、カラムシ（葉、根）91、ギシギシ（根）60、クチナシ（果実）95、タカサブロウ（全草）102、チガヤ（根茎、全草）103、ツボクサ（葉）105、ニラ（茎葉）136、ムラサキオモト（葉）139
●血便：ウコンイソマツ（根）88、ギシギシ（根）60、ツボクサ（葉）105、ムラサキオモト（葉）139
●睾丸の腫れや痛み:ウイキョウ（種子）86、シークヮーサー（熟した果皮、種子）122
●肛門のかゆみ：ギシギシ（根）60
●痔：ウコン（根茎）83、ウコンイソマツ（根）88、ウシハコベ（葉）74、オオバコ（葉）42、カタバミ（全草）44、ガジュマル（樹皮、気根）89、カラムシ（葉、根）91、ギシギシ（根）60、キダチアロエ(葉) 92、コメツブウマゴヤシ(全草) 131、スベリヒユ(全草) 50、セイロンベンケイ(葉) 100、ツユクサ（全草）、ツワブキ（葉）48、ニラ（茎葉）136、ニンニク(鱗茎) 110、ユキノシタ(葉) 126、ヨモギ（葉）40、ラッキョウ（鱗茎）141
●精力減退：ニンニク（鱗茎）110
●前立腺肥大：カニクサ（茎葉）90
●大腸出血：コメツブウマゴヤシ（全草）131
●梅毒：ツルムラサキ（全草）107
●不正性器出血：カラムシ（葉、根）91、ギシギシ（根）60、タカサブロウ（全草）102、ザクロ（果皮）132、ヨモギ（葉）40

●心臓・血管の病・症状に効く

●血管の詰まり：ニンニク（鱗茎）110
●高血圧症：ウコン（根茎）83、オオイタビ（茎葉）62、クミスクチン（全草）96、シマグワ（根皮）52、ツボクサ（葉）105、ニンニク（鱗茎）110、ヨモギ（葉）40、高血圧予防:シマグワ（葉）52
●高コレステロール：アロエベラ（葉の汁）129、ニンニク（鱗茎）110
●心臓の虚弱：ニンニク（鱗茎）110
●心臓病：オオバコ（種子）42、シマグワ（葉）52、ツユクサ（葉）106、パパイヤ（果実）137、
●心臓発作：ニンニク（鱗茎）110
●低血圧症：シマグワ（葉、果実）52
●動悸：ヨモギ（葉）40
●動脈硬化:シマグワ（葉）52、ニンニク（鱗茎）110

●呼吸器系の病気・症状に効く

●インフルエンザ：クマツヅラ（全草）72、ヨモギ（葉）40、インフルエンザの初期:ショウガ（根）98
●風邪：クマツヅラ（全草）72、セイヨウタンポポ（根）56、チガヤ（根茎）103、ツワブキ（根）48、ホウセンカ（全草）119、ヨモギ（葉）40、風邪時の発熱や咳ガジュマル 89、風邪の予防ニンニク(鱗茎) 110、風邪による熱インドヨメナ(葉、全草) 130、風邪の初期ショウガ（根）98、ツルムラサキ（葉）107、風邪のひき始めの熱ハイビスカス（花、葉）112
●気管支炎：シークヮーサー（熟した果皮）122、ニンニク（鱗茎）110、ヤブラン（球根）140、ヨモギ（葉）40
●気管支喘息:ウイキョウ(種子) 86、オオバコ(葉) 42、カラムシ（根）、コメツブウマゴヤシ（全草）131、シークヮーサー（熟した果皮）122、シマグワ（葉、根皮）52、チガヤ（根茎）103、ツユクサ（全草）、ニラ（葉）、ニンニク（鱗茎）110、ハイビスカス（花、葉）112、パパイヤ（果実）137、ホウセンカ(全草) 119、ボタンボウフウ(全草) 120、ヤブラン（球根）140、ヨモギ（葉）40、ラッキョウ（鱗茎）141
●呼吸困難:カンキョウ（根）98、シマグワ（根皮）52、ビワ（葉）116、モモ（種子）121、狭心症による呼吸困難：ラッキョウ（鱗茎）141、呼吸器系疾患：ニンニク（鱗茎）110
●咳：オオバコ（葉、種子、根）42、ウイキョウ（種子）86、ウコン（根茎）83、カニクサ（茎葉または成熟胞子）90、カラムシ（根）91、カンキョウ（根）98、シークヮーサー（熟した果皮）122、シマグワ（根皮）52、ショウガ（根）98、チガヤ（根茎）103、ツユクサ（全草）、ニンニク（鱗茎）110、ニラ（葉）、ハイビスカス（花、葉）112、パパイヤ（果実）137、ヒハツモドキ（葉、果実）138、ビワ（葉）116、ヘチマ水 118、ホソバワダン、ホウセンカ（全草）119、ヤブラン（球根）140、ヨモギ（葉）40、痰の多い咳：シークヮーサー（熟した果皮）122、ラッキョウ（鱗茎）141、はげしい咳:ユキノシタ（葉）126、モモ（種子）121、ボタンボウフウ（全草）120、風邪の咳:

Stellaria aquatic (L.) Scop (ウシハコベ) 74

●T
Taraxacum officinale weber (セイヨウタンポポ) 56
Tetragonia tetragonioides O. Kuntze. (ツルナ) 68

●V
Verbena officinalis L. (クマツヅラ) 72
Viola yedoensis Makino (リュウキュウコスミレ) 46
Vitex rotundifolia L. fil. (ハマゴウ) 114

●Y
Youngia japonica (L.) DC.(=*Crepis japonica* Benth.) (オニタビラコ) 54

●Z
Zingiber officinale Rosc. (ショウガ) 98

<病気・症状・薬効別索引(分野別)>

●消化器系の病気・症状に効く
●胃炎:ウシハコベ(葉) 74、ウコン(根茎) 83、セイヨウタンポポ(根) 56、ツルナ(全草) 68、神経性胃炎:ハマスゲ(根塊) 70、慢性胃炎:ハマスゲ(根塊) 70
●胃潰瘍:アカメガシワ(樹皮) 76、アロエベラ(葉の汁) 129、クチナシ(果実) 95、ツルナ(全草) 68、トウガラシ(果実) 108、ヒハツモドキ(果実) 138、ホソバワダン(根) 66
●胃ガン:アカメガシワ(樹皮) 76、ツルナ(全草) 68、食道ガンの予防:ツルナ(全草) 68
●胃けいれん:ガジュマル(樹皮、気根) 89、グアバ(葉) 93、ツワブキ(根) 48、ヘクソカズラ(全草、根) 113、ホソバワダン(葉、根) 66、ヨモギ(葉) 40
●胃酸過多:アカメガシワ(樹皮) 76、ツルナ(全草) 68
●胃弱:アロエベラ(葉の汁) 129、ウコン(根茎) 83、シークヮーサー(熟した果皮) 122、セイヨウタンポポ(根) 56、ツルナ(全草) 68、ニガウリ(果実) 109、ニンニク(鱗茎) 110、パパイヤ(果実) 137、消化器官の衰弱:ウイキョウ(種子) 86
●胃腸炎:カンキョウ(根) 98、ラッキョウ(鱗茎) 141
●胃腸病:ウシハコベ(葉) 74、ゲッキツ(茎葉) 97、ニンニク(鱗茎) 110、ビワ(葉) 116、熱性の胃腸病:ニガウリ(果実) 109
●胃腸の不調:ウイキョウ(種子) 86、ウマゴヤシ(葉)、ニラ(茎葉) 136、ヨモギ(葉) 40、胃腸の不調や痛み:ウコン(根茎) 83
●胃痛:クチナシ(果実) 95、セイロンベンケイ(葉) 100、シロノセンダングサ(全草) 58、パパイヤ(果実) 137
●胃の冷え:カンキョウ(根) 98
●胃のもたれ:ウイキョウ(種子) 86
●嘔吐:ウイキョウ(種子) 86、オオバコ(種子) 42、カンキョウ(根) 98、シークヮーサー(熟した果皮) 122、ショウガ(根) 98、ビワ(葉) 116、シークヮーサー(熟した果皮) 122、トウガラシ(果実) 108、ハマスゲ(根塊) 70、抗癌剤による吐気:ショウガ(根) 98、魚やカニの中毒による嘔吐や下痢:ショウガ(根) 98
●ガス:ウイキョウ(種子) 86、ウコン(根茎) 83、シークヮーサー(熟した果皮) 122、トウガラシ(果実) 108、ハマスゲ(根塊) 70
●血便:ウコンイソマツ(根) 88、ギシギシ(根) 60、ツボクサ(葉) 105、ムラサキオモト(葉) 139
●げっぷ:グアバ(芯) 93、シークヮーサー(熟した果皮) 122、ニンニク(鱗茎) 110
●下痢:アメリカフウロ(全草) 128、カンキョウ(根) 98、グアバ(葉) 93、クサトベラ(葉) 94、ゲッキツ(茎葉) 97、ゲットウ(種子) 64、シークヮーサー(熟した果皮) 122、ショウガ(根) 98、シロノセンダングサ(全草) 58、スベリヒユ(茎葉) 50、ビワ(葉) 116、ヘクソカズラ(根、根茎) 113、ホソバワダン(葉) 66、ヨモギ(葉) 40、ラッキョウ(鱗茎) 141、高温多湿による下痢:ツユクサ(葉) 106、オオバコ(全草、種子) 42、寒さによる下痢:ニラ(茎葉) 136、熱性下痢(赤痢など):ツワブキ(茎葉) 48、ニガウリ(果実) 109、ムラサキオモト(葉、根茎) 139
●健胃整腸:アメリカフウロ(全草) 128、オオバコ(葉、種子、根) 42、キダチアロエ(葉) 92、ゲットウ(種子) 64、シマグワ(根皮) 52、ヒハツモドキ(果実) 138
●十二指腸潰瘍:アカメガシワ(樹皮) 76、ツルナ(全草) 68
●消化不良:アカメガシワ(樹皮) 76、アロエベラ(葉の汁) 129、ウコン(根茎) 83、オオバコ(葉、種子) 42、キダチアロエ(葉) 92、クサトベラ(葉) 94、ゲットウ(種子) 64、シークヮーサー(熟した果皮) 122、シロノセンダングサ(全草) 58、セイヨウタンポポ(根) 56、トウガラシ(果実) 108、ニガウリ(果実) 109、ニンニク(鱗茎) 110、ホソバワダン(葉) 66、ハマスゲ(根塊) 70、パパイヤ(果実) 137、ヒハツモドキ(果実) 138、ビワ(葉) 116、ムラサキオモト(葉) 139、ヨモギ(葉) 40、ラッキョウ(鱗茎) 141
●食あたり:ツワブキ(茎葉、根茎) 48
●食欲不振:アキノワスレグサ(根) 80、ウコン(根茎) 83、ゲットウ(種子) 64、シークヮーサー(熟した果皮) 122、トウガラシ(果実) 108、ニンニク(鱗茎) 110、ビワ(葉) 116、食欲低下:ウイキョウ(種子) 86、パパイヤ(果実)、137 ショウガ(根) 98
●大腸炎:イトバショウ(果実)
●大腸出血:コメツブウマゴヤシ(全草) 131
●虫垂炎:ウシハコベ(葉) 74
●腸炎:ゲッキツ(茎葉) 97、ムラサキオモト(葉) 139、急性慢性腸炎:グアバ(葉、果実) 93、慢性腸炎:アメリカフウロ(全草) 128
●肉類や揚げものの食べ過ぎ:セイヨウタンポポ(根) 56
●妊婦の食欲低下:ハマスゲ(根塊) 70
●腹痛:アロエベラ(葉の汁) 129、イボタクサギ(葉) 82、イトバショウ(果実)、ウコン(根茎) 83、カンキョウ(根) 98、グアバ(樹皮、葉、果実) 93、クマツヅラ(全草) 72、ザクロ(果実、果皮、葉) 132、ショウガ(根) 98、シロノセンダングサ(全草) 58、セイヨウタンポポ(根) 56、ツボクサ(葉) 105、ツワブキ(茎葉、根茎) 48、トウガラシ(果実) 108、ニンニク(鱗茎) 110、ニラ(根)、ヒハツモドキ(果実) 138、ホウセンカ(花) 119、ホソバワダン(葉、根) 66、ハマスゲ(根塊) 70、ヨモギ(葉) 40、寒さによる腹痛:シークヮーサー(熟した果皮、種子) 122、下腹痛:モモ(種子) 121、下腹部の冷痛ヨモギ(葉) 40、大腸炎などの腹痛:ガジュマル(樹皮、気根) 89、食べすぎによる腹痛:シークヮーサー(青皮)

<薬草学名索引>

A

Allium bakeri Regel (=*A. chinense* G. Don)（ラッキョウ）141
Allium sativum L. (= *A. sativum* L. forma *pekinense* Makino)（ニンニク）110
Allium tuberosum ROTTLER（ニラ）136
Aloe arborescens Mill.、*Aloe barbadensis officinalis*（キダチアロエ）92
Aloe vera、*Aloe ferox* Mill（アロエベラ）129
Alpinia speciosa K. Schum.（ゲットウ）64
Artemisia campestris L.（リュウキュウヨモギ）
Artemisia princeps Pampan.(=*A. vulgaris* L. var. *indica* Maxim)（ヨモギ）40

B

Basella alba L.（ツルムラサキ）107
Bidens pilosa（シロノセンダングサ）58
Boehmeria nivea (L.) *Gaudich* (=Urtica nivea)（カラムシ）91

C

Capsicum annuum L. (= *Capsicum frutescens* L.)（トウガラシ）108
Carica papaya L.（パパイヤ）137
Cayratia japonica (Thunb.) Gagn.（ヤブガラシ）124
Centella asiatica (L.) Urban (=*Hydrocotyle asiatica* L.)（ツボクサ）105
Clerodendron spp.（イボタクサギ）82
Commelina communis L.（ツユクサ）106
Crepidiastrum lanceolatum (Houttuyn) Nakai（ホソバワダン）66
Curcuma longa L.、C. *aromatic* S.（ウコン）83
Cyperus rutundus L.（ハマスゲ）70
Citrus depressa Hayata（シークヮーサー）122

E

Eclipta prostrate (L.). L.(= *Eclipta alba Hassk.*)（タカサブロウ）102
Eriobotrya japonica (Thunb.) Lindl.（ビワ）116
Euphorbia hirta l.（シマニシキソウ）133

F

Farfugium japonicum Kitamura（ツワブキ）48
Ficus pumila L.(=F. *hanceana* Maxim.)（オオイタビ）62
Ficus microarpa L. f.（ガジュマル）89
Foeniculim vulgare Mill.（ウイキョウ）86

G

Gardenia jasminoides Ellis forma grandiflora Makino（クチナシ）95
Geranium carodinianum（アメリカフウロ）128

H

Hemerocallis fulva L.var. sempervirvirens M.Hotta（アキノワスレグサ）80
Hibiscus rosa—sinensis L.（ハイビスカス）112
Hydrocotyle sibthorpioides Lam.（チドメグサ）104

I

Impatiens balsamina L.（ホウセンカ）119

K

Kalanchoe pinnata (L.) Pers. (=*Bryophyllum pinnatum* (Lam.)Oken（セイロンベンケイ）100
Kalimeris indica Sch – Bip.（インドヨメナ）130

L

Lilium longiflorum Thunb.（テッポウユリ）135
Limonium wrightii (Hance) Kuntze（ウコンイソマツ）88
Liriope platyphylla Wang et Tang (=*L. graminifolia* Baker)（ヤブラン）140
Imperata cylindrica Beauv. Var. major G. E. Hubbard et Vaughan（チガヤ）103
Luffa cylindrica (L.) Roem. (=L. aegyptica Mill)（ヘチマ）118
Lygodium japonicum (Thumb.) Swartz（カニクサ）90

M

Mallotus japonicas Muell. – Arg.（アカメガシワ）76
Medicago lupulina L.（コメツブウマゴヤシ）131
Medicago polymorpha L.、*Medicago hispida* Gaertn（ウマゴヤシ）
Momordica charantia L..（ニガウリ）109
Morus australis Poir.（シマグワ）52
Murraya panicualta Jack.（ゲッキツ）97
Musa paradisiaca L..var. *sapientum* O.Kuntze（バナナ）81

N

Nephrolepis cordifolia (L.) Presl（タマシダ）134

O

Orthosiphon aristatus (BL.) Mig.、*Orthosiphon spiralis* Merr.（クミスクチン）96
Oxalis corniculata L.（カタバミ）44

P

Paederia scandens (Lour.) Merr. (=*P.chinensis Hance*)（ヘクソカズラ）113
Peucedanum japonicum Thanb.（ボタンボウフウ）120
Piper retrofractum Vahl (= *Piper Hancei* Maxim.)（ヒハツモドキ）138
Plantago asiatica L.（オオバコ）42
Portulaca oleracea L.（スベリヒユ）50
Prunus persica (L.) Batsch（モモ）121
Psidium guajava L.（グアバ）93
Punica granatum L.（ザクロ）132

R

Rhoeo spathacea (Swartz) W. T. Stearn（ムラサキオモト）139
Rumex japonicus HOUTT.（ギシギシ）60

S

Sambucus chinensis Lind l.（ソクズ）101
Saxifraga stolonifera Meerb.（ユキノシタ）126
Scaevola taccada (Gaertn.) Roxb. (=*Scaevola sericea*)（クサトベラ）94

著者略歴

大滝　百合子（おおたき・ゆりこ）

筑波大学人間学類卒、マサチューセッツ大学社会学部卒、コロンビア大学大学院社会学部博士課程中退、上海中医薬大学付属日本校中医学科卒。アメリカを中心に世界各地で再生しつつあるワイズウーマン（自然の摂理に通じた主に太古の賢女＝緑の魔女）流ハーバリズムの日本での普及を目指し、社会学・人類学的観点を交えながら食事、ハーブ、薬草関係の翻訳著述を行う。ハーブ・薬草の使用やふれあいを通して自然に対する原始人的理解を育むことに特に関心がある。これからも、自然のしもべとして師の価値や偉大さを少しでも後世に伝えていきたいと願っている。

著書
『本物の自然療法一自然に生きる人間本来の病気観』（フレグランスジャーナル社）
『美肌をつくるキッチンコスメ――スーパーの食材でOK！』（主婦と生活社）
『野の薬草、食べ物を使った　手づくり化粧品レシピブック』（ボーダーインク）
『野草がおいしい　おきなわ野の薬草料理基本レシピ』（近刊、仮題、ボーダーインク）
共著
『本物の自然食を作る――レシピ集』（春秋社）
『自然史食事学――自然の歴史に学ぶ最高の食事法』（春秋社）
訳書
『ヒーリングワイズ――女性のための賢い癒し術』（フレグランスジャーナル社）
『ストレスに効くハーブガイド』（フレグランスジャーナル社）
『本物の自然化粧品を選ぶ――完全ナチュラルコスメ宣言』（春秋社）
『メディカルハーブレシピ』（東京堂出版）
共訳書
『ガン代替療法のすべて――ガン治療の真髄に迫る』（春秋社）

YouTubeにて「草と自然の歌シリーズ」（作詞・作曲・演奏・歌：大滝百合子）を公開中です。【全11曲】オオバコの歌／タンポポの歌／ヨモギ（フーチバー）の歌／カタバミの歌／ニガナ（ホソバワダン）の歌／センダングサの歌／オニタビラコの歌／スミレの歌／ツルムラサキの歌／モンパの木陰の娘たち／今日は公園へ行こう

ジャケット他紅型図柄：虹亀商店　亀谷明日香
写真・イラスト・マンガ：大滝百合子
装丁・本文デザイン：宮城陽子

新装版 おきなわ 野の薬草ガイド

2012年6月6日　初版第一刷発行
2023年2月28日　新装版第二刷発行

著　者　大滝百合子
発行者　池宮紀子
発行所　（有）ボーダーインク
住　所　〒902-0076 沖縄県那覇市与儀226－3
電　話　098-835-2777
FAX　098-835-2840

印刷所　株式会社 ヒラヤマ

ISBN978-4-89982-355-1